グレタさんの訴えと水害列島日本

岩佐 茂　岩渕 孝　宮崎 紗矢香　著

学習の友社

まえがき

　2019年秋の大型台風による記録的豪雨は甲信越や東北に甚大な洪水災害をもたらしました。直前には、大型の風台風が千葉を襲い、電気の復旧に１ヵ月以上かかりましたし、屋根がブルーシートで覆われたまま年を越した家も少なくありませんでした。

　豪雨は、６年連続で日本列島を襲っています。2014年の「平成26年８月豪雨」、2015年９月の「関東・東北豪雨」に続いて、2016年６月には、地震と豪雨のダブルパンチが熊本を襲いました。2017年７月の「九州北部豪雨」、2018年７月の「西日本豪雨」が続いています。このような状況が今後も続くとすれば、日本は「水害列島」と化してしまうでしょう。水害で甚大な被害をうけるのは、生活している勤労者です。生活の基盤が壊されてしまうからです。

　こうなった理由は２つあります。

　ひとつは、山国で急流の河川が多い日本は、水害対策をしっかりやらなければならないのですが、必要な人員配置も含めて、その予算が削られ、十分な対策がとられてこなかったことです。

　もうひとつは、「50年に１度」「100年に１度」の大雨が毎年のように起き始めていることと、温暖化との関連です。両者の関係については、まだはっきりしていないことが多いのですが、大雨の頻度や強度にその影響がちらついています。

　温暖化を止めるには、ここ10年が勝負といわれています。それは、「パリ協定」に基づいて各国が自主的に立てた「長期目標」では、今世紀末には、「気温は3.2℃上昇すると予想され」ることがわかってきたからです。大幅に削減目標をひき上げる「野心的」な取り組みをおこなう必要があります。

　それにもかかわらず、COP25では、「野心的」な目標をたてることが先送りされてしまいました。「気候変動に関する政府間パネル（IPCC）」が動き出して31年、「気候変動枠組条約締約国会議（COP）」が始まって

25年経ちましたが、この間COPは、すったもんだしながら、ほとんど有効な対策を取ってきませんでした。その間に、CO_2は、1990年から約３倍に増えています。高校生のグレタさんが「大人たちは、議論しているふりをしている」と言うのも、もっともです。

　なぜ、こういうことになってしまったのでしょうか。

　CO_2は、経済活動との絡みのなかで増大し続けてきました。経済成長のために、化石燃料を使い続けたことによってひき起こされたものです。温暖化を止める「野心的」な目標を実現するためには、化石燃料に依存するエネルギー政策を自然エネルギーに転換する必要があります。ガソリン自動車を電気自動車や燃料電池車に切り替える必要があります。これは、産業構造の大きな転換につながるでしょう。

　エネルギー政策の転換、産業構造の転換は、政治の課題です。資本主義の経済活動は、資本の論理によって動いていますので、おうおうにして近視眼的に利潤追求を最大化しようとする方向に走ります。国際的な批判をあびながらも、石炭火力発電にこだわるのも、安価だからです。

　科学的知見にしたがい、国民の生活を護るために、温暖化を止める最大限の努力をするのが政府の責任です。そのための政策を明確にして経済活動のなかに組み込み、ルール化していくことが求められています。

　しかし、日本の政府は、経済団体の意向の枠内でしか、温暖化対策をおこなっていません。ジャーマン・ウォッチによると、日本の温暖化対策は、57か国中第51位、最下位のランクにあります。国際的に、足を引っ張っています。いまだに石炭火力発電に固執し、原発と火力発電のプラント輸出も成長戦略として重視しています。

　この構図を変えなければなりません。日本では、温暖化を止めようとする動きは、国民のあいだでも弱いといわれてきました。しかし、「水害列島」とも呼ばれるなかで、温暖化問題が他人事ではなく、実感として受け取られるようになってきています。「気候危機」といわれる状況になってきているからです。

　グレタさんから始まった若い人たちの「未来のための金曜日（Fridays

For Future）」運動も新たに生まれ、大きくなっています。日本でも、東京や名古屋、大阪、福岡など、各地で「未来のための金曜日」運動がおこなわれてきています。温暖化問題に精力的に取り組む多くの市民団体だけではなく、労働組合も、温暖化問題を自らの課題として取り組む必要があります。

　今、必要なことは、政治の課題として温暖化を止めることを前面に打ち出すことです。そのための声をあげることです。

　当面、できることが２つあります。

　ひとつは、国政選挙のときには、ポーズだけではなく、温暖化を止める真剣さ、どのようにして止めるのかといった明確なヴィジョンをもった政治家を選出する運動をすることです。

　国立環境研究所の江守正多さんは、選挙のときに、宣伝カーの候補者に温暖化への姿勢を聞くようにしているとテレビで語っていましたが、一人ひとりの政治家に、温暖化問題を突きつける運動は、大きな力になるでしょう。経済界と同じ政策しか掲げられない政府の姿勢を変えさせる有効な方法になります。

　もうひとつは、各自治体が「気候非常事態宣言」をするように、運動していくことです。現状が「気候危機」にあるだけではなく、どのようにして温暖化を止めるのかということも含んだ宣言をおこなうことが重要になります。国会でも、「気候非常事態宣言」の決議を目指す超党派の議員連盟が発足しました。温暖化を止める方法論を含んだ宣言になるかどうか、大いに注目すべきでしょう。

　　2020年３月

　　　　　　　　　　　　　　　　　　　　　　　　　　岩佐　　茂

目 次

6

I 誰がなんと言おうと、私たちは 声をあげ続ける

宮崎紗矢香

「ボーっと生きてんじゃねーよ！」

2019年9月20日。私は「グローバル気候マーチ」の先頭で、日本人なら一度は聞き覚えのある一言をプラカードに掲げ、歩いた。顔を真っ赤にして怒っている似顔絵には、チコちゃんではなく、お下げ髪のスウェーデン少女をあてがった。

今、私たちが生きる地球は、疑いの余地なく存続の危機に瀕している。いわゆる「気候難民」は、毎年2000万人を超えている。だが、待ったなしの危機的状況で、未だ多くの人々が昨日と何ら変わらない日常を繰り返している。少し立ち止まって考えてみれば、それがいかに怠惰な行いかわかるはずだろう。けれども、スウェーデンの少女、グレタ・トゥーンベリが現れ、世界のリーダーや大人たちを叱りつけるまでは、多くの人々にとって気候変動など取るに取らない問題であったことを思うと、気候危機に直面する今、彼女の存在は無視できないものとなっている。

1 一人の高校生のストライキ

スウェーデンに暮らす17歳の環境活動家、グレタは、気候変動に対する大人たちの無作為に抗議しようと、2018年8月、学校を休みストックホルム議会前で座り込みを行った。

当時、北欧は記録的な熱波に見舞われ、翌月には総選挙を控えていた。そこで選挙権のない彼女が注目したのは、米国の高校生たちだった。銃規制を求める彼らが学校ストライキを手段に訴えを起こしていることを知り、同じやり方で政府に気候変動対策の強化を求めることを決意した。親の反対だけでなくクラスメイトの同意も得られない状況の中、学校を休み一人で座り込みを実行し、選挙後は政府が行動を起こすまで毎週金曜日だけ続けた。手書きで書かれた「気候のための学校ストライキ」ボードを持つ彼女の姿は、ソーシャルメディアを通して同世代の共感を呼び、Fridays For Future（未来のための金曜日）と名付けられたムーブメントに発展し、世界中に広がっていった。

2　鮮烈なスピーチの数々

　デモを始めた年の11月、ストックホルムで行なわれたTEDトーク（非営利団体Technology Entertainment Designの動画）で、彼女は現在の問題意識を持つにいたったきっかけを語っている。8歳の頃、初めて気候変動という言葉を耳にしたとき、それが何よりも重大な問題だと言われながら、人々が何ら変わらない生活を続けていることに納得できなかったという。

　11歳でうつ病になり、後にアルペルガー症候群、強迫性障害、選択的緘黙と診断されたことに言及し、「私のような自閉スペクトラムに属している人間にとっては、ほとんど全てのことが白黒どちらか」、「私にはいろんな意味で自閉的な人間の方が正常に思え、他の人たちはすごく奇妙に見える」と語る。

　その言葉に象徴されるように彼女は、それ以後、世界的な会議に招待される中で、ストレートかつ独特の表現で気候変動の危機を警告していった。

　「あなたたちは、自分の子どもたちを何よりも愛していると言いながら、実際には子どもたちの未来を奪っているのです」（2018年12月の第24回国連気候変動枠組条約締結国会議［COP24］での発言）。

中でも、2019年9月23日、国連気候行動サミットで放たれたグレタの言葉は、世界中に大きな衝撃を与えたといえる。

　「人々は苦しんでいます。人々は死んでいます。生態系は崩壊しつつあります。私たちたちは、大量絶滅の始まりにいるのです。なのに、あなた方が話すことは、お金のことや、永遠に続く経済成長というおとぎ話ばかり。よく、そんなことが言えますね」。

　こうした彼女の鮮烈なスピーチには、大人だけなく若者もハッとさせられたのではないだろうか。少なくとも、私はその一人だと断言できる。

3　奪われる未来、怒れる日本の若者

　私自身、ほんの数か月前までは気候変動に対して無知と言ってもいいくらいの人間であったが、気づけば気候マーチの先頭に立ち、東京都議会に「気候非常事態宣言」（Climate Emergency Declaration, CED）を要請する動きの中心にまで立っていた。

　すべてのきっかけは、2019年2月に参加したスウェーデンへのSDGs（持続可能な開発目標）の視察ツアーに遡る。もとより、教育や福祉などで先進的な北欧に関心があったが、加えて、大学1年次より「子ども食堂」のボランティアに参加するなかで、団体の代表がSDGsについて度々言及していたことから、ウェブサイトで見かけた、SDGs国際ランキング1位（2016～18年）のスウェーデン視察ツアーの募集要項が目にとまり、参加することを決めた。

　大学4年に進級する直前の2月下旬、約1週間にわたり、首都ストックホルムと南部のゴットランド島に滞在し、企業やスーパー、大学などで先進的な環境対策の事例を見て回った。その経験から、帰国後の就職活動ではSDGsを推進する日本企業を受けたが、利潤追求が第一で環境対策は二の次という企業に度々遭遇した。面接で「君の思うようにはいかない」と言われたときには、「誰一人取り残さない」SDGsのバッジを輝かせながら、目の前の就活生の言葉を蔑ろにしている矛盾に憤りを覚えた。

　そんなとき、5月に新聞記事でグレタを知った。「奪われる未来　若者、怒れ」という記事の見出しが目に止まり、彼女が「気候のための学校ストライキ」と書かれたプラカードを掲げて立っている写真をよく見ると、その場所が2月の視察ツアーで通り過ぎたストックホルム議会前と同じであると気づいた。

　このとき運命的なものを感じ、何者なのか調べるうちに、「あなたたちは、自分の子どもたちを何よりも愛していると言いながら、実際には子どもたちの未来を奪っているのです」というスピーチを初めて聞いた。そしてその発言が、当時、就活で大人に抱いた憤りと重なり、画一的な評価を下される就活を切り上げ、理不尽な世の中に対して声をあげようと決意するターニングポイントとなった。

　まずは大学で行動を起こそうと、立教大学の総務課を訪れ、ゴミ箱の分別表示や傘袋の削減について働きかけたが、「変えることのできないものを受け入れる冷静さを」とやんわり断られ、学生にプレゼンをしても「何も思わない」とコメントされてしまった。

　途方に暮れている頃、グレタのストライキに端を発するFridays For Future（FFF）のムーブメントが日本にもあると知り、7月上旬、Fridays For Future Tokyo（FFFT）の仲間入りを果たした。けれど、その頃のメンバーはわずか10人前後で、それほど日本では認知されていない動きなのだと痛感した。

4　思いつきで始動した「気候非常事態宣言」の取り組み

　当時、参加したミーティングでは9月20日の世界一斉ストライキに向けてチーム編成があり、私は文章を書くのが好きという理由で、右も左もわからぬまま請願書チームに入った。メンバーの一人が、世界では「気候非常事態宣言」（CED）がホットな話題らしいと呟き、東京都でも宣言されたらインパクトがあるのではと、完全に思いつきで結成されたチームだった。当然、誰も請願書を書いたことなどなく、ましてや当時、日本で「気候非常事態宣言」を行った自治体も無く、あまりに情報が限

られた状態での走り出しであった。

　夏休みに入り、とりあえず請願書のドラフトを書くことになったが、そこでインスピレーションを得たのがアルバイト先での体験であった。当時、私のアルバイト先は、サステナビリティを企業理念に掲げる会社であった。

　フードエリアのスタッフとして7月から働き始めたが、お盆休みの勤務を経て絶句した。理念とは裏腹に、現場では躊躇なく大量の食品が廃棄され、ゴミは分別せず全て燃えるゴミになっていた。溢れるゴミ箱には目もくれずに、客はファストフードをほおばっていた。会社のサステナビリティレポートに目を通すと、食品ロスは削減していると記載されていたが、それがいかに形骸化したものであるか悟った。

　サステナビリティを謳いながら現場では真逆のことが発生している企業、何も知らずに魅力的な広告につられて消費していく顧客。このような構図は、企業だけでなく行政にも当てはまることだと思った。

　「2050年CO_2排出量実質ゼロ」を宣言した東京都も、アルバイト先と同じような類のレポートが公表されているはずだと思い調べると、東京都環境局のサイトから「環境先進都市・東京に向けて」という題の冊子が見つかった。数値目標を確認すると、2020年目標として、「2020年度レジ袋の無償配布をゼロ」と記載されていたが、当時2019年8月の時点で、都内を歩きながらレジ袋が使用されている光景を見るのは日常茶飯事で、果たして有料配布に切り替えるだけで抜本的な変化を期待できるのか、と疑問を持った。

　おまけに、2030年目標として「温室効果ガスの削減は2000年比で30％削減」とあったが、これはIPCC（気候変動に関する政府間パネル）の「特別報告書」の45％削減と照合すると、十分とは言い難い目標ではないかと感じた。

　8月中旬に東京都環境局の方と面会する機会があり、上記の率直な疑問を尋ねると、「たしかにレジ袋ゼロについては年度中の実現可能性は難しい」との返答が返ってきた。ここでのやりとりを経て、いくら企業

や行政のトップが完璧な資料や政策を作り上げても、詰まる所、末端の消費者や生活者、現場関係者らが我関せずの他人事である限り、パラダイムシフトの転換など、とうてい起きえないと思った。そこで、現状を変えるために必要なことは、一人でも多くの国民、都民、市民の「目を覚まさせる」ことであり、その目的を達成するために、「気候非常事態宣言」（CED）ほど最適なアプローチはないと合点がいった。

　それ以降は、すべての未経験をがむしゃらに突破していった。請願書は、環境局ではなく東京都議会に提出するものであり、提出に際しては紹介議員が必要になるとのことで、NGOのコネクションで生活者ネットワークの議員の協力を得ることに成功。請願書作成にあたっては、当時日本で唯一、「気候非常事態宣言」に関する声明を発表していた環境経営学会に電話をかけ、添削をお願いした。気がつけば、9月20日のグローバル気候マーチを目前に控えていたため、急ピッチで加筆修正を繰り返し、1週間前の9月13日に都議会に提出した。

5　世界一斉ストライキ、その直後の台風19号

　9月20日のグローバル気候マーチは、渋谷に2800人が集まり、私はその先頭で「ボーっと生きてんじゃねーよ！」のプラカードを掲げながら行進した。日本国内では史上最多の5000人を動員、世界規模では185カ国で760万人もの人々が声をあげた。

　数日後の国連気候行動サミットではグレタが「How dare you!（よくもそんなことを！）」と先の鮮烈な一言を放ったことで、一気に日本でも気候変動への注目が集まった。そのタイミングで25日、長崎県壱岐市が国内初の「気候非常事態宣言」を可決した。この一件を機に「気候非常事態宣言」の認知度も徐々に高まり、10月4日には神奈川県鎌倉市が「気候非常事態宣言」を可決した。

　そんな折、台風19号が関東を直撃した。テレビでは「非常事態です、命を守るために最善を尽くす必要があります」という警告が突然繰り返されたが、台風が去った途端にまたいつもの日常が訪れた。今、行動を

渋谷で2,800人を動員した「グローバル気候マーチ」
（2019年9月20日）

起こさなければ非常事態が日常になってしまうと感じた私は、請願書の審議可決に向けて署名集めを実施することにした。

全国のFFFにも呼びかけを行い、FFFTでは10月中旬から11月中旬の１ヵ月間、新宿駅、東京駅、渋谷駅と、毎週金曜日に街頭に立った。話しかけた人の中には、グレタを揶揄する人や温暖化について懐疑的な意見を持つ人もいたが、共感してくれる人に出会うと世の中捨てたものじゃないと思った。

イベントや店頭での署名集めも重ね、全国から集まった署名数は5522筆に及んだ。遠方からの郵送で届いた署名には、励ましの手紙が同封されていることもあり、勇気づけられた。

6　変化を起こすのに、小さすぎることはない

そして迎えた、11月29日。９月に続き再び、大規模なアクション、グローバル気候マーチが開催された。同日に、請願書の審議も行われた。私はマーチを30秒で終え、午後１時からの審議の傍聴席に駆け込んだ。審議の結果、「継続審議」となったが、長くても30分で終わると予想されていた審議は、１時間半以上かけて議論されるという異例の事態が生じた。

請願に対する姿勢は各会派によって異なっていたが、それぞれの議員が気候危機という名のモラルの危機ともいうべき現実に、一人の人間としてどう向き合うのか答える姿があったように思う。それは自ら行動を

東京都庁にて「気候非常事態宣言」請願書の署名を提出
（2019年11月19日）

起こさなければ、決して訪れることのなかった時間であった。

　私は、Fridays For Futureというムーブメントに出会い、わけもわからず活動する過程で、「変化を起こすのに、自分が小さすぎるなんてことはない」というグレタの言葉をこの身体で実感した。私は、就活で感じた憤りにグレタの言葉が重なり、予期せぬ形で気候変動に関心を持った。けっして、幼少期から環境破壊に心を痛めたり、学生のうちから起業するようなスマートさを持ち合わせていたわけでもない。ただ、自分のすぐ傍の生活と、その裏側の世界で起きていることを結びつけ、自己と他者に愚直に問いかけを続け、頭でっかちになる前に行動を起こした。

　ボーっと惰性で生きるのではなく、些細な日々の行動を見直し疑問を向けることは本来、万人に開かれた営みであると思う。私たち一人ひとりが想像力を持ち、自己と他者に思いを馳せ、創造力をもって行動にかえていくことで世界は確実に変わっていくと言いたい。

　12月上旬、スペインのマドリードで開催されたCOP25において、グレタは、「政治家や最高責任者たちが行動をとっているように見せかけている」ことを批判しながらも、今後の「希望の兆し」について語った。

　「3週間後に、私たちは新しい10年（2020年代）に突入します。私たちが『未来』と定義する10年です。今、私たちには希望の兆しさえ見えません。私は皆さんに言います。希望はあると。私はそれを見てきました。でも、それは政府や企業から来るものではありません。人々から生

気候活動家歴半年の想い

藤原　衣織

　文学、演劇、美術、音楽といった「芸術」と環境問題、それ
は一見遠く離れた二つに思えるが、実は深く繋がっているもの
である。私自身が気候危機に立ち向かう気候活動家になったの
は、それまでの21年間で触れてきた「芸術」によるところが大
きいということにある時気づき、そう確信するようになった。

　香川で美術教師をする両親の元に生まれた私は、絵を描くこ
とと読書が好きな子どもだった。幼い頃から美術館に連れて行
かれ各地のアートイベントなどに足を運んでいた。その経験か
ら身につけたのは、自分の直感を信じることだろう。
　美しさや面白さや恐怖を素直に直感的に感じるという経験、
そうした自分の気持ちや感覚と向き合うという経験、さらに自
分の内面を目に見える形でアウトプットするという経験、それ
らは全て「おかしいことはおかしい」と明言し、その想いのも
とに行動するという今の生き方に繋がっているのではないか。
また、「芸術」はいつも全てを語らないことで、表現の奥に潜
む何かを私たちに考えさせ、想像力を強く掻き立てるものでも
ある。
　音や文字から色や匂いのある世界を想像させ、色や形から物
語や人柄を想像させるが、この想像力は、一生会うことのない
見知らぬ誰かや言葉を持たない生物について、彼らの立場を考

み出されるものです。今までは（危機に）気づいていなかったけれど、
今気づき始めた人たちのなかから生まれるのです。そして、一度気づけ
ば、私たちは行動を変えられます。人々は変われます。人々は行動を変
える準備ができていて、それこそが希望です」。
　未来への分岐点となる2020年が始まった。この瞬間を、この１日を、
この１年を、そして、これからの10年をどう生きるか。グレタだけでな

えられる人間になれるかどうかにかかわっているのではないか。

　環境問題について考える時に「芸術」の力は侮れない、というのは既に言われていることかもしれない。しかし、受験や就職を乗り越えた先にある「安定した生活」を得ることを第一とするような日本社会のあり方、ひいては日本の学校教育のあり方には、「芸術」を重視する余地がないように思われる。とはいえ、「芸術」の重要性に気づくまでは、気候変動問題にかんする活動を始めて社会の課題を知れば知るほど、私の中での「芸術」に触れることの優先度は下がっていた。

　生産活動ではなく精神活動である「芸術」が、気候危機という状況ではそれほど重要ではないと、意識的でなくとも感じていたのだろう。この非常事態では、効率性や合理性が重視されてしかるべきかもしれないが、一歩間違えると既存の制度のようにゴールと書かれたテープの先に何もない空間の広がる道を突き進むことになるかもしれない。

　その危うさに気づいている身として、また「芸術」を身近に感じている身としては、「芸術」の力を常に忘れずにいたい。さらに、制度が変わることよりも、「芸術」が制度に縛られないところで人々に近づき、彼らの価値観に影響を与えることで社会のおかしさに声を上げる市民を生み出すことに期待したい。

く、私たち一人ひとりが例外なく、問われている。

II　日本の水害対策では温暖化に耐えられない

岩渕　孝

はじめに

　日本列島は、2018年7月の西日本豪雨災害に続いて、2019年10月には台風19号災害にみまわれました。2年続きの大水害は、どうして、発生したのでしょうか。

　政府は、西日本豪雨災害のあと、「地球温暖化にともなう気象状況の激化は、行政主導の水害対策には限界があることを明らかにした。日本の水害対策は、行政主導から住民主体へと、大転換をはからなくてはならない」と主張し始めました。気象庁は、2019年台風19号が日本に近づいてきたときに、「自分の命、大切な人の命を守るため、早めの対策をお願いします」とくりかえし要請しました。「地球温暖化にともなう気象状況の激化が始まっている。行政はお手上げである。自分の命は自分で守れ」というのです。

　しかし、続発した2つの水害は、本当に地球の温暖化がひきおこしたものだったでしょうか。もし、そうでなかったとすれば、何がひきおこしたのでしょうか。そもそも、「行政主導の水害対策」は、どこまで、私たちの命と財産を守ってくれているのでしょうか。自分の命は自分で守るしかないのでしょうか。私たちは、そこまで、追い詰められているのでしょうか。

18

２年続きの大水害をふりかえって、それらのことを、事実に即して確かめてみることにしましょう。

1　大きな衝撃を与えた２年続きの大水害
（1）自分の命、大切な人の命を守る行動を？

　2019年10月、台風19号によって、日本列島は記録的な大雨にみまわれ、100人近くの人が命を奪われました。

　その台風が日本列島の南海上を北上中の10月９日、気象庁予報部は、「台風第19号に早めの備えを」という報道資料を発表しました。そして、「自分の命、大切な人の命を守るため、早めの対策をお願いします」と訴えました。

　それだけでなく、気象庁は、10月11日の午前11時から臨時記者会見を開き、梶原靖司予報課長が、「12日から13日にかけて、西日本から東北地方では広い範囲で台風に伴う非常に発達した雨雲がかかるため、非常に激しい雨や猛烈な雨が降り、東日本を中心に"狩野川台風"に匹敵する記録的な大雨になるおそれがあります」と警告しました。そして、その上で、「自分や大切な人の命を守るため、早め早めの避難・安全確保を」と呼びかけました。

　「狩野川台風」というのは、1958年９月27日に神奈川県に上陸した台風22号であり、伊豆半島の狩野川流域に大水害を発生させ、853人の命を奪いました。このため、「狩野川台風」と命名されることになりましたが、関東地方にも大雨をもたらし、東京都でも392.5㎜の日降水量を記録しました。都心部を流れる石神井川や神田川などが氾濫し、浸水家屋が50万戸近くに達しました。

　気象庁は「狩野川台風級の台風がやってくる」と警告したのです。それにしても、どうして、「自分の命は、自分で守れ」と呼びかけたのでしょうか。

（2）自らの命は自らが守る意識を？

　2018年7月、西日本は記録的な豪雨にみまわれました。このため、洪水害や土砂災害が広い範囲で多発し、広島県と岡山県を中心に237人の方々が亡くなりました。日本のマスメディアは、「平成最悪の水害」と伝えました。そのような大災害は、どうして、発生したのでしょうか。

　内閣府に設置されている中央防災会議は、2018年12月、『平成30年7月豪雨災害を踏まえた水害・土砂災害からの避難のあり方について』という報告書を発表し、「今回の災害では、施設の能力を超える豪雨となり、避難が間に合わず200名以上の方が亡くなる甚大な災害が発生した」と伝えました。

　そして、「行政は防災対策の充実に不断の努力を続けていくが、地球温暖化に伴う気象状況の激化や、行政職員が限られていること等により、突発的に発生する激甚な災害に対し、既存の防災施設、行政主導のソフト対策のみでは災害は防ぎきれない」といい、「防災対策を今後も維持・向上していくためには、行政を主とした取組みではなく、国民全体で共通理解のもと、住民主体の防災対策に転換していく必要がある」と結論づけました。

　しかし、「住民主体の防災対策」というが、国は住民に何を求めることにしたのでしょうか。「自らの命は自らが守るという意識を持って、自らの判断で避難行動をとりなさい」というのです。

　その報告書は、「多くの災害は、災害リスクが高いと行政が公表していた地域で発生した」、「にもかかわらず、その地域の住民は災害リスクを、あまり認識していなかった」といい、「自分の命や家族の命は、住民一人ひとりが、主体的に守らなくてはならない」ときめつけています。先に紹介した2019年10月9日の気象庁の「呼びかけ」は、この報告書にもとづいて、おこなわれたのです。

（3）「避難警戒レベル」に応じた避難を

　前掲の『平成30年7月豪雨を踏まえた水害・土砂災害からの避難のあ

り方について』は、「住民の避難行動を支援する防災情報の提供を」と
いい、「防災情報を５段階の警戒レベルにより提供することなどを通し
て、受け手側が情報の意味を直感的に理解できるような取組を推進す
る」と書いています。

　その方針を踏まえて、内閣府（防災担当）は、2019年３月29日に『避
難勧告等に関するガイドラインの改定』を発表しました。「ガイドライ
ン」というのは国や自治体が国民や住民に示す「大まかな指針」です。
この改訂によって、私たちは、「５段階の警戒レベル」にしたがって、
自主的に避難することになりました。

　まずは、「警戒レベル３」が発令されると、「避難に時間を要する人
（高齢者・障害者・乳幼児等）」が避難を開始することになりました。そ
れ以外の人は、「警戒レベル４」が発令されると、避難を開始すること
になりました。「警戒レベル５」が発令されるのは、すでに災害が発生
している段階です。

　その『避難勧告等に関するガイドラインの改定』には、「自らの命は
自ら守る意識を持って、適切な避難行動をとってください」と書かれて
います。しかし、「自らの命は自らが守る意識を持って」というが、そ
のような意識は、個人まかせでは、そう簡単に身につくものではありま
せん。

　前掲の『平成30年７月豪雨を踏まえた水害・土砂災害からの避難のあ
り方について』は、「想定される災害リスク及びとるべき避難行動の周
知徹底」といいますが、そのような「行政主導のソフト対策」は、「行
政職員が限られている」というのに、はたして実現できるようになるの
でしょうか。

（4）「行政主導の水害対策」に問題はなかったのか

　東日本大震災のあと、岩手県や宮城県などの被災地では、「レベル１
（百数十年に１回）の津波」については、それに負けない防潮堤や防潮水
門の整備が、国の資金提供を受けて進められてきました。また、「レベ

ル2（数百年に1回）の津波」については、津波が到達しない高台や内陸への居住地の移転が、国の資金提供を受けて進められてきました。そのような居住地にいるかぎり、たとえ津波に襲われたとしても、あわてて避難する必要はなくなったのです。

　だから、宮城県気仙沼市の住民は、『震災復興計画』のなかに、「津波死ゼロのまちづくり」、「就寝時の津波にも、命を守れるまちを」という目標を掲げることになりました。そこには、「自分の命は、自分で守ろう」とは、書かれていません。気仙沼市民は、「自分の命は、津波防災地域づくりを進めることによって、みんなと一緒に守ろう」と誓い合ったのです。

　ところが、東日本大震災から7年後の2018年、政府はにわかに、「自分の命は、自分で守れ」と号令するようになりました。そのような防災対策の転換に共鳴した朝日新聞の社説（2019年6月5日付）は、国民・住民に向かって、「自分の命は自分で守る。この基本を改めて認識しよう」と論説しました。

　「津波避難教育の専門家」として著名になった東京大学特任教授の片田敏孝氏は、朝日新聞（2019年5月27日付）に登場して、「戦後、伊勢湾台風をきっかけにインフラ整備が進み、物理的な安全レベルは上がった。一方で国民に災害を制御できるという感覚が生まれ、行政への依存も高まった」、「国民は、ハード対策の限界があらわになっても、行政に甘える"災害過保護"から抜け出せていない」と語り、国民・住民に向かって、「"本当に危うくなれば何か言ってくれるはず"という依存心を断ち切り、リスクと向き合うのは自分だという感覚をもつことが必要だ」と主張しました。そして、同氏が作業部会の委員を務めた前掲の『平成30年7月豪雨を踏まえた水害・土砂災害からの避難のあり方について』も、「"逃げ遅れたり、孤立しても最終的には救助してもらえる"という甘い認識は捨てるべきである」といいきっています。

　東日本大震災では、2万人近くの方々が、津波にのまれて命を失いました。その人たちは、「甘い認識」を捨てなかったために、逃げおくれ

てしまったのでしょうか。2018年の西日本豪雨災害と2019年の台風19号
災害の犠牲者は、「何か言ってくれる」という依存心を断ち切らなかっ
たために、命を失うことになったのでしょうか。片田敏孝氏は、伊勢湾
台風以後、「物理的な安全レベルは上がった」といいきっています。そ
れなのに、どうして、各地の河川で大氾濫が発生したのでしょうか。

　日本の「行政主導の水害対策」には、何の問題もなかったのでしょう
か。「就寝時の洪水にも、命を守れるまちづくり」は、いまの日本では
無理難題なのでしょうか。国民・住民は、水害に直面したら、自己責任
で避難するしかないのでしょうか。2つの大水害をふりかえって、その
真偽のほどを、確かめてみましょう。

（5）地球温暖化が水害を激甚化させた？

　国土交通省の審議会は、西日本豪雨災害を受けて、2018年12月、『大
規模広域豪雨を踏まえた水災害のあり方について』という報告書を発表
しました。そしてそのなかで、大規模広域豪雨になった西日本豪雨につ
いて、「気象庁は〝地球温暖化に伴う水蒸気量の増加の寄与もあった〟
として、はじめて個別災害について気候変動の影響に言及した」と指摘
しました。

　同じ時期に、中央防災会議のワーキンググループは、前掲『平成30年
7月豪雨災害を踏まえた水害・土砂災害からの避難のあり方について』
という報告書を発表しました。そして、そのなかで、「地球温暖化に伴
う気象状況の激化」のために、行政主導の水害対策では対応できなくな
ったと書いています。「地球温暖化が水害を激甚化させている」という
のです。

　しかし本当に、地球の温暖化は、すでに水害を激甚化させているので
しょうか。もしそうだとすれば、地球温暖化がさらに進むと、どのよう
な水害対策が求められるようになるのでしょうか。それらの疑問につい
て、2年続きの大水害をふりかえり、事実に即して確かめてみることに
しましょう。

2　倉敷市真備地区の洪水害をふりかえる

（1）災害時要支援者が犠牲になった

　2018年7月の西日本豪雨災害では、岡山県だけでも、68人の方が亡くなられました。そのなかでも犠牲者が特に多かったのは、倉敷市真備地区であり、地区の面積の約1/4が浸水し、51人の住民が命を奪われました。

　犠牲者の年齢別の内訳を調べてみると、50歳未満は6人だけであり、60歳代が4人、70歳代が20人、80歳代が18人、90歳代が3人でした。また、51人の犠牲者のうち、要介護・要支援者が36.5％、身体に障害をもつ人が23.1％を占めていました。

　朝日新聞社は、被災直後に自治体や警察、消防などに出向き、被災時の犠牲者の状況を調べました。それによると、51人のうちの43人が、屋内で遺体でみつかったとのことです。さらにそのうち、42人が、1階部分でみつかったということです。しかし、そのうち21人は、2階建ての住宅やアパートに住んでいたといいます。その人たちは、2階にすら避難することができず、自宅で溺死することになったのです。

　前掲の『平成30年7月豪雨災害を踏まえた水害・土砂災害からの避難のあり方について』は、先にも紹介したように、「"逃げ遅れたり、孤立しても最終的には救助してもらえる"という甘い認識は捨てるべきである」といいきりました。真備地区で命を失った犠牲者は、「甘い認識」を捨てなかったために、勝手に溺死したとでもいうのでしょうか。

　もちろん、そんなことはありません。この地区が最深5mもの氾濫に襲われなければ、激しく雨が降りしきる深夜に、あわてて避難する必要などなかったはずです。真備地区の河川の氾濫は、どうして、未然に防止することができなかったのでしょうか。

（2）どうして氾濫を防げなかったのか

　倉敷市真備地区は、中国山地から南流する高梁川と広島県から東流する小田川にかこまれた氾濫平野にあり、氾濫のくりかえしによって形成

された低平地にひろがっています。だから、そのような氾濫常襲地帯は、これまで居住地としてはあまり利用されてこなかったのです。

　ところが、1960年代に水島コンビナートが稼働するようになると、真備地区にも関連企業の工場が集まるようになり、その周辺は、にわかに新興住宅地域へと変貌するようになりました。それにもかかわらず、新興住宅地域を守るはずの堤防の防災力は、あいかわらず低い水準にとどまっていました。

　真備地区をとりかこむ高梁川、小田川とその支流には、被災前、国と岡山県が堤防を整備していました。日本の堤防の高さは、想定する降水量の水準によって、違っていました。高梁川の堤防は、国が管理する一級河川であり、国にとって「重要度」が高いとされていたため、「150年に１回の確率で発生する大雨」を基準に高さがきめられました。それに対して、小田川流域の堤防は、一級河川ではありましたが、「重要度」の違いから、「100年に１回の確率で発生する大雨」を規準に高さが決められていました。

　今回の西日本豪雨では、高梁川の上流の流域降水量は400㎜以上になりましたが、小田川の流域降水量は300㎜前後でした。集水面積が広い高梁川は、堤防がしっかりとしていたため、途中であまり氾濫することもなく、水位が非常に高くなりました。このため、小田川との合流点付近では、高梁川の水位が小田川よりも高くなり、本流の洪水が支流に逆流する「バックウォーター」が発生するようになりました。

　バックウォーターは、小田川と末政川や高馬川との合流点でも、発生しました。「バックウォーターの連鎖」が発生したのです。このため、防災力の低い河川から堤防が決壊し、洪水が真備地区にあふれ出ることになったのです。

（3）どうしてバックウォーターが発生したか

　高梁川と小田川との合流点付近におけるバックウォーターの発生は、国土交通省中国地方整備局も懸念していました。同局が2010年10月に公

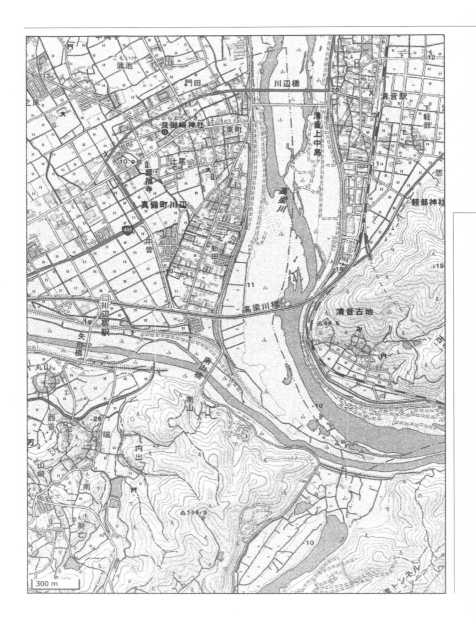

300 m

岡山県倉敷市真備地区

　地図の東側を北から南に流れているのが高梁川です。その河川に西方から合流している河川が小田川です。倉敷市真備地区は、この二つの河川にかこまれた氾濫平野に位置しています。そこには水田の記号が描かれています。

　小田川の高梁川との合流地点付近には、右岸に土堤の記号が描かれています。その土堤を切開して、畑や荒れ地の記号が描かれている土地に、小田川の新しい川筋を付け替える、分流工事が進んでいます。

資料出所　地理院地図

　表した『高梁川水系河川整備計画』は、「現在の小田川は、洪水時に高梁川の合流点水位が高くなるバックウォーターが懸念されます」、「高梁川からのバックウォーターによる水位上昇に加え、河川の断面積が不足しているため、洪水を流下させる能力が大幅に不足しています」と書いていました。

　真備地区付近の河川勾配は、高梁川が約1/900であるのに対して、小田川は約1/2200です。中国地方整備局は、本流と支流の合流点を4.6kmほど下流に付け替えると、洪水時の小田川の水位を、5mほど低下させることができると計算していました。

　倉敷市に合併する前の旧真備町は、そのことを熟知したいため、合流点付け替え事業を、数十年前から国に陳情してきました。しかし、「予算の優先順位」が低いとの理由から、事業計画が策定されたのは、2010年になってからでした。合流点付け替え工事は、2018年秋から始まることになっていました。皮肉なことに、真備地区は、その直前の2018年7月に、洪水害にみまわれることになったのです。

　合流点付け替え事業の費用は約332億円でした。国土交通省は、今回の被災後、予備費を活用して、合流点付け替え事業に着手することになりました。また、岡山県と連携して、小田川とその支流についても、堤防のかさあげと強化を進めることにしました。

　そのような治水対策が被災前に実施されていれば、小田川や末政川や

人が変える前の「地域の姿」をつかむことの意味

埼玉大学教育学部の谷謙二（人文地理学研究室）さんが、「今昔マップ on the web（http://ktgis.net/kjmapw/index.html）」を公表されています。私の住む千葉県松戸市は、明治36年の「国府台」の地図と現在の地図を並べて見られます。全国をカバーしているようです。

明治36年当時、我が家のあたりは針葉樹林でした。私の家から、600mほど離れたところを水源に、川が流れています。そこから、500m程の範囲に、水源が２つあり、３つの流れが合流します。
どの川も埋め立てられて、今はありません。道路や細長い公園に、そして宅地にもなっています。大雨が降ると、かつての台地の縁から水が湧き出し、かつて川だった道路に、水が流れ出る場所があります。３つの流れの合流点は、つい最近まで、利用されていない荒地でした。大雨が降ると、水がたまるのです。そこも数年前、造成が始まり、家が建ちはじめています。

かつての川に沿って下流に向かって歩くと、少し広くなります。地球の気温が暖かく縄文海進と呼ばれる時代は、海の底だったところです。それでも、標高は16m程度あります。しばらく歩くと、やっと、コンクリートで覆われた川が、姿をあらわします。が、探さないと気付きません。さらに、下流には、田んぼが広がっていましたが、今はほぼ宅地になりました。ところどころに、畑の形で残っています。

高馬川は氾濫しなかったといわれています。そうすれば、高齢者や障害者も、自分の命を守りきることができたはずです。真備地区の今回の洪水害は、「既存の防災施設」の防災水準の低さを、改めて教えてくれることになりました。

　私の家は、台地にあります。標高は26.1m です。戦前は、飛行場でした。縄文海進の前の氷期に、侵食されずに残り、さらに、火山灰が降り積もったのでしょう。関東ローム層に覆われています。この火山灰は、富士や箱根の火山からのものです。台地の縁には、貝が出るところがあります。海岸だった時代があった証拠です。

　松戸市のハザードマップは、インターネットで見られ、何種類かあります。どれも、地形や標高は書かれていません。洪水ハザードマップで浸水するとされている場所は、地理院地図で標高を調べると、標高がほぼ12m より低い土地です。浸水の深さは大雑把にしか出ていません、国土地理院地図で標高を調べ、標高マイナス12mがおおよその浸水の深さと思って良いでしょう。地震の揺れを示す地図を見ると、震度が大きいと予想されている場所は、洪水の起きる場所とほぼ同じです。縄文海進時に堆積した土地です。関東平野は、ほぼ同じように形成されているとすると、「住まいは、台地が望ましい」と言えるのかもしれません。

　地理院地図や、「今昔マップ」を見ると、ハザードマップだけではわからない、自分の住む地域の状況がつかめます。
　本当は、どういう地形だったのか、それがどう変えられたのかを知ることは、楽しいことです。当時の様子を想像しながら、散歩をしてみると、痕跡に気づきます。災害に備えるため、どこにどのような危険が潜んでいるか、知る手がかりも見つかるかもしれません。
　自分の住む土地の、人の手で変えられる前の地形を楽しんでみてはいかがでしょう。

（4）倉敷市の避難対策はどうだったのか

　倉敷市真備地区の洪水害では、「行政主導のソフト対策」にもさまざまな問題があったことが、改めて明らかになりました。
　倉敷市が市民に配布していた洪水・土砂災害ハザードマップは、確かに、今回の浸水を驚くほど正確に警告していました。しかし、兵庫県立大学准教授の坂本真由美氏の調査によると、その洪水・土砂災害ハザー

ドマップの内容を理解していた住民は、24％しかいなかったとのことです。そのこともあって、倉敷市の調査によると、被災当日、真備地区の住民の半数近くは、自宅にとどまっていました。そして、その自宅が、濁流にのまれることになったのです。

　浸水した建物から救助された住民は2350人を超えました。浸水した建物から救助されなかった住民は、最悪の場合、自宅で命を失うことになったわけです。

　倉敷市は、2016年に洪水・土砂災害ハザードマップを作成し、全戸に配布していました。しかし、その縮尺は「１万7500分の１」と小さく、自宅がどこにあるかは、簡単には読み取れません。また、そのような洪水・土砂災害ハザードマップは、ふだんから地図になじみのない高齢者にとっては、「お役所が配布したチラシの一つ」にしかみえなかったはずです。そのこともあって、真備地区の住民の76％は、自宅のハザード（危険度）を、しっかりと理解できないでいたのです。

　先に紹介しましたが、国は、「自らの命を自らが守れ」と号令をかけました。しかし、真備地区の洪水害では、自らを守れない高齢者が、逃げおくれて命を落としたのです。

　倉敷市では、災害時要援護者台帳を作成し、情報を提供した高齢者の名簿を、消防局、警察署、民生委員、自主防災組織に配布し、要援護者の個別避難計画の作成を自主防災組織に依頼していました。しかし、個別避難計画の作成は思うようには進まず、自力での避難が困難な高齢者を助けることができなかったのです。

　それでも、避難にもう少し時間的なゆとりがあれば、なんとか命を守れた可能性はありました。倉敷市では、避難情報は、どの段階で、どのように発令されていたのでしょうか。

　2018年７月の豪雨のとき、倉敷市では、７月５日から雨が降り続き、大雨は６日の夜にピークに達しました。６日の日降水量は138.5㎜となり、最大１時間降水量は27.0㎜を記録しました。しかし、日降水量については、2011年には183.5㎜が記録されていました。１時間降水量につ

いても、1990年には47㎜が記録されました。

　気象庁は、「雨の強さと降り方」を５段階に分けて、各段階ごとの「予報用語」をきめています。それによると、27.0㎜というのは「強い雨」になりますが、その「強い雨」も、すぐにおさまりました。最高段階の「猛烈な雨」は「80㎜以上」であり、近年、日本の各地で頻繁に観測されています。それとくらべると、今回の倉敷市の降雨はそれほど激しいものではなく、岡山大学の地域研究会は、「今回の降水量は、確かに多かったが、特別極端に多いわけではなかった」と結論づけています。

　それにもかかわらず、中国山地では激しい降雨が続き、そこを集水域とする高梁川の水位は非常に高くなり、バックウォーターが連鎖反応的に発生したため、そこに流入している小田川とその支流が氾濫することになったのです。

　そのような「河川に出現する異常現象」は、専門機関でないと把握できません。国土交通省岡山河川事務所は、刻々と、氾濫危険情報を倉敷市に発信していました。それを受け、倉敷市長は、避難勧告や避難指示を発令することになっていました。

　日本の災害対策基本法は、洪水害が発生する恐れが生ずる場合は、市町村長に避難勧告や避難指示の発令を義務づけています。倉敷市長は、７月６日22時00分、真備地区全域に避難勧告を発令しました。そして、23時45分には真備地区小田川南側地域、翌７日01時30分には真備地区小田川北側地域に避難指示を発令しました。真備地区の氾濫は、支流の末政川と高馬川から始まり、７月６日23〜24時には堤防の決壊が確認されていました。避難勧告は、なんとか、氾濫が発生する前に発令されました。しかし、避難指示は、氾濫が発生してからの発令になりました。どうして、避難指示の発令は、大幅におくれることになったのでしょうか。

　じつは、末政川や高馬川だけでなく、真備地区の小田川にも水位観測所がなかったのです。このため、倉敷市長は、地区内の水位情報をリアルタイムで把握できていなかったのです。NHKの特別番組「誰があなたの命を守るのか」（2019年６月30日放送）のなかで、倉敷市長は、「ど

こが決壊しているのか、どこが逆流しているのか、すべて一目瞭然でわかるようにできればいいですけれど、そう簡単にいかないわけで」と、語っていました。

　倉敷市は、被災後、河川の水位を計測する水位計の設置を、急いで国と県に要請しました。それを受けて、国は小田川に６ヵ所、県は末政川などの３ヵ所に、簡単にとりつけられる危機管理型水位計を設置しました。危機管理型水位計の１ヵ所当たりの費用は、100万円程度です。倉敷市の「行政主導のソフト対策」は、その程度のレベルにとどまっていたのです。

（５）行政主導の水害対策の強化を

　倉敷市は、2018年３月、『真備地区復興計画』を発表しました。その復興計画は、冒頭に「まちを守る治水対策」という項目を設けて、「国・県・市の連携・協力により、小田川合流点付替え事業の早期完成に努めるとともに、小田川及び末政川・高馬川等の堤防の復旧・強化を緊急的かつ集中的に取り組み、まちの安全性を確保します」と誓っていました。

　しかし、それらの施策だけでは、真備地区の安全・安心は確保できません。本流の高梁川は、今回、真備地区では氾濫しませんでした。しかし、この河川の堤防は、「150年に１回の確率で発生する大雨」を防災基準としていますから、それを超えるような大雨が降ると、当たり前のように氾濫します。それだけでなく、国土交通省の資料によると、堤防の整備率（2019年３月現在）は、32.9％にとどまっていました。国が管理する小田川も、「100年に１回の確率で発生する大雨」を超えるような大雨が降ると、当たり前のように氾濫します。県が管理する末政川や高馬川の堤防は、それよりもはるかに低く、「30年に１回の確率で発生する大雨」を基準にしているため、すぐに氾濫してしまいます。

　2010年に国土交通省中国地方整備局が発表した『高梁川水系河川整備計画』は、「高梁川及び小田川の国管理区間において堤防の整備が必要

な延長は70.6kmです。そのうち将来計画において堤防の機能が発揮できる必要な高さ及び幅が確保されている計画断面堤防の延長は19.2km（約28％）となっています。一方、今後整備が必要な区間の延長は51.0km（約72％）が残っています」と書いていました。また、「現在の堤防は、主に大正初期より順次築堤されてきたものです。築堤年代が古いものが多く、築堤材料や締め固め方法など、不明な要素が含まれ、技術的に信頼性がなく、堤防が決壊する危険性が否めません」とも書いていました。

　「既存の防災施設」の防災水準は、驚くほど低かったのです。それにもかかわらず、そのことは真備地区の住民に十分には伝わっておらず、多くの人びとは、「堤防があるから大丈夫」と思い込んで、逃げおくれてしまったのです。

　内閣府に設置されている中央防災会議は、先にも紹介したように、「地球温暖化のために、既存の防災施設や行政主導のソフト対策のみでは、災害は防ぎきれなくなった」といいきっています。しかし、倉敷市真備地区の「既存の防災施設」は、「地球温暖化に伴う異常降雨」どころか、「30年〜150年に１回の大雨」にも耐えられない、防災水準の低いものだったのです。

　それなのに、内閣府は、「既存の防災施設」の抜本的な強化を棚上げしたまま、主権者である国民・住民に向かって、「自分の命は自分で守れ」と号令をかけているのです。「行政主体の防災対策から住民主体の防災政策への転換」を押しつけようとしているのです。今回の洪水害は、「自分の命」を守るためには、行政主体の防災対策をさらに強化しなくてはならないことを、改めて教えてくれました。

3　広島県の土石流災害をふりかえる
（1）広島県では土石流災害が多数の命を奪った

　2018年７月の西日本豪雨災害で、県別の死者数が最も多かったのは、岡山県ではなく、広島県でした。内閣府の調査によると、全国の死者数は、237人を数えました。それを県別に見ると、岡山県は66人でしたが、

広島県は115人になりました。

　内閣府は、被災県からの提供データをもとに、原因別死者数を発表しました。それによると、岡山県は「水害による死者」が58人、「土砂災害による死者」が３人でした。その一方、広島県では、「水害による死者」はゼロでしたが、「土砂災害による死者」が87人になりました。

　土砂災害の原因には、急傾斜地の崩壊、土石流、地すべりの三つがあります。広島県は、被災後、原因が特定できた死者数を109人と発表しました。そして、そのうち79人は、土石流が原因だったと報告しました。

（2）どうして土石流災害が発生したのか

　土石流は、土砂や大小の石が水と混合して渓流を流れ下る現象であり、谷口から扇状に広がる扇状地を襲います。その扇状地は、土石流のくりかえしによって形成されてきた地形ですから、自然の状態だと、これからも土石流がくりかえされる、「災害の危険性を秘めた地形」なのです。そのことを経験的に認知してきた住民は、扇状地の宅地化を避けてきたのです。

　しかし、第二次世界大戦後、そのような地形的特色とは関係なしに、地価が安いこともあって、扇状地にも住宅団地が続々と造成されるようになりました。

　土石流は記録的な豪雨をきっかけに発生します。2018年7月6日から7日にかけて、広島県では多くの地点で、24時間降水量が350㎜を超える豪雨が降りました。このため、県全体では、7728ヵ所で土石流が発生しました。

　しかし、たとえ土石流が発生したとしても、そこが居住地になっていなければ、人命や家屋などの被害は発生しません。また、たとえ居住地になっていたとしても、防災力をもつ砂防ダムなどが整備されていれば、土石流が人家を襲うようなことはありません。土石流災害は、扇状地が居住地になっているのに、砂防ダムなどが整備されていないでいると、記録的な豪雨をきっかけにして、突如として発生するのです。

資料出所：地理院地図

広島県熊野川角地区

　土石流災害の現場になったのは、川角5丁目の大原ハイツです。

　川角5丁目は三石山の山麓に位置しています。そこに三石山から流下
する渓流が幾筋か流れています。そのうち、矢印を描いた渓流が土石流
災害を発生させました。そこに大原ハイツが立地していたのです。

（3）熊野町川角地区大原ハイツの土石流災害はなぜ

　広島県熊野町は、広島市の東に位置し、1960年代後半以降、広島市の
ベッドタウンとして、急速に発展しました。しかし、「土石流安全地

帯」の多くはすでに市街地化されており、新しい住宅団地の多くは、「土石流危険地帯」に立地するようになりました。そのような新しい住宅団地の一つが、川角5丁目に開発された大原ハイツでした。

　大原ハイツは、標高449mの三石山の山麓に形成された扇状地に位置し、1965年代以降、民間の住宅会社が売りに出した住宅団地でした。しかし、「土石流危険地帯」に立地していたため、2017年には土砂災害警戒区域に指定されました。そこに2018年7月、土石流災害が発生し、12人の住民が命を失うことになったのです。

　この付近には、7月6日の18時から20時にかけて、積乱雲が次々と発生する線状降水帯がかかり続け、レーダー観測によると、19時前後には1時間降水量が120mmを超える猛烈な豪雨が降りました。土石流は、その直後の20時20分頃、突如として発生しました。土石流には直径数mもの巨石も含まれていました。それが、秒速9mもの速さで、襲いかかってきたのです。土石流発生後に始まる切迫避難では、命を守ることは、むずかしかったはずです。

　熊野町の町長は、当日の17時00分、熊野町の全域に避難準備・高齢者等避難開始を発令しました。そして、19時00分には避難勧告、19時40分には避難指示を発令しました。土石流は、その約40分後に発生しました。避難指示以前の段階で安全地帯に避難していれば、家屋や家財は失われても、命だけは守ることができたはずです。それなのに、どうして、12人もの命が失われることになったのでしょうか。

　熊野町は、2019年3月、『平成30年7月豪雨災害の検証結果報告書』を発表しました。そのなかに収録されているアンケート調査（2019年1～2月実施）によると、大原ハイツの住民のうち28.6％が、「町の避難情報で避難しなかった」と回答しました。どうして、避難しなかったのでしょうか。避難しなかった人の39.3％は「指定避難所や避難所に向かう道路が既に浸水、冠水していたから」、35.7％は「避難するとかえって危険だと思った」と回答しました。また、「町から避難勧告等が発令されたのを知らなかった」と回答した住民が28.6％もいました。

　それらの人びとは、どうして、そのようにのんびりと構えていたので
しょうか。先のアンケート調査によると、大原ハイツの住民は、「ハザ
ードマップを知っていたか、自宅の状況を見ていたか」という質問にた
いして、22.2％が「知っているが、見ていない」、11.1％が「まったく知
らない（持っていない）」と回答していました。また、「自宅が土砂災害
警戒区域内にあることを知っていたか」という質問にたいしては、
30.8％が「含まれているかどうかわからなかった」、9.6％が「含まれて
いることを知らなかった」と回答しました。

　熊野町は、2017年、「総合ハザードマップ」を川角地区の住民に配布
していました。それを見ると、川角地区は、「土石流危険区域」に区分
されています。しかし、そのハザードマップを見ていなかった住民が、
約1/3もいたのです。また、約40％の住民が、自宅が土砂災害警戒区域
に立地していることを、確かめていませんでした。それらの人びとは、
「迫り来る危機的状況」を事前に認知できていなかったため、避難しな
かったり、逃げ遅れてしまったのです。

　ハザードマップは、一般の市民には、身近なものになっていなかった
のです。また、一般の市民にとっては、自宅がどこにあるかなどを、自
力で読み取ることも容易ではなかったはずです。町役場は、希望に応じ
て、「出前講座」を開いていました。しかし、「出前講座」への参加者も、
限られていました。

　もっとも、大原ハイツが立地している扇状地を流れる渓流に、防災力
をもった砂防ダムなどが整備されていれば、自宅にとどまっていたとし
ても、命を失うようなことはなかったはずです。しかし、町役場に問い
合わせたところ、「被災前、川角地区には、砂防ダムは、まったく整備
されていなかった」とのことでした。

　大原ハイツの住民は、被災後、「砂防ダムの必要性」を、いやという
ほど、痛感させられました。先のアンケート調査は、「安全な地域づく
りのためのハード対策」についても、町民の回答を求めました。大原ハ
イツの住民の88.9％は、「斜面保護や砂防ダム設置等の土砂対策」を選

びました。また、35.2％の住民が、「植林や間伐などの適切な斜面林の整備保全」を選びました。

　2020年1月8日、町役場に電話を入れて、「砂防ダム設置の進捗状況」について、問い合わせました。「広島県が2019年12月までに2基の砂防ダムを整備した。さらに、2020年度中に、もう1基の砂防ダムが整備されることになっている。砂防ダムは、2018年7月豪雨と同程度の降雨には、耐えられる防災力をもつはずである」とのことでした。そのような砂防ダムが、2018年7月以前に整備されていれば、土石流災害は発生しなかったはずです。砂防ダムの整備は、どうして、被災後になったのでしょうか。

（4）広島県の土石流災害対策はどこまで

　土石流災害のきっかけになる土石流は、毎秒10mくらいの速さで、襲いかかってきます。だから、土石流発生後の切迫避難では命を守ることはできません。このため、国は2000年、「土砂災害防止法」を制定し、土砂災害が発生するおそれがある区域を、土砂災害警戒区域と土砂災害特別警戒区域に指定することにしました。そして、土砂災害警戒区域については、土砂災害の危険性、避難経路や避難場所などを住民に周知するため、土砂災害ハザードマップの作成・配布を市町村長の責務としました。また、土砂災害特別警戒区域については、住宅や公共施設などの建設を許可制として、建築物の構造規制などを都道府県知事の責務としました。都道府県知事は、土砂災害の危険性が特に大きいと判断した場合は、建築物の所有者にたいして、安全地帯への移転を勧告できることにしました。

　この法律は、1999年6月に広島県で発生した土砂災害をきっかけに、その翌年の2000年に制定されたものです。しかし、土砂災害（特別）特別警戒区域の指定は、住民の同意が必要なこともあり、なかなか進みませんでした。

　広島県では、2014年8月にも土砂災害が発生し、70人以上の住民が犠

西日本豪雨災害による行方不明者の捜索　広島・呉
写真提供　朝日新聞社

牲になりました。ところが、被災地の多くは、土砂災害（特別）警戒区域に指定されていなかったのです。このため、「行政の怠慢」が厳しく問われることになり、国は指定を加速させるため、

2014年に土砂災害防止法を改正しました。その結果、広島県熊野町の川角地区も、2017年、土砂災害警戒区域に指定されることになりました。しかし、広島県の土砂災害警戒区域の指定率は、2014年の段階では、28.7％にとどまっていたのです。そこで、2019年10月19日、広島県の砂防課に問い合わることにしました。「広島県の指定率は、2018年には76.4％、2019年には97.1％まで向上し、2019年度中には100％になるはずである」とのことでした。全国の指定率も、2018年には、85.9％になりました。

　もっとも、土砂災害（特別）警戒区域に指定されたとしても、そこが、にわかに「土砂災害安全地帯」になるわけではありません。広島県では、今回、32ヵ所の被災地で、68人の遺体が発見されました。そのうちの21ヵ所は、土砂災害（特別）警戒区域に指定されていました。土砂災害（特別）警戒区域が「土砂災害安全地帯」になるためには、防災力をもつ砂防ダムなどの整備が不可欠です。それなのに、どうして、砂防ダムの整備が進まないのでしょうか。

　広島県知事の湯崎英彦氏は、「朝日新聞」（2018年9月1日付）のインタビュー欄に登場し、記者に「災害を防ぐ施設面の整備はどの程度進んでいましたか」と問われたさいに、「個所の整備率では30％ぐらいで、

全国平均が20％ぐらいなので広島の方が進んでいます」と答えていました。しかしその後で、「ただいかんせん対象が非常に多く、まだ時間がかかります。予算の手当も十分に追いつきません」と語っていました。

　砂防ダムの整備などのハード対策のおくれは、2014年の土砂災害後にも、各方面から指摘されました。「しんぶん赤旗」（2014年9月9日付）によると、日本共産党の辻つねお県議は、2014年8月19日の県議会特別委員会において、施設整備の見通しについて、「あと6000ヵ所程度残っていて、年次的にこれをやっていこうということですが、このペースでいくとどのくらいかかるのですか」と問いただしました。広島県の砂防課長は、「あと約333年かかる計算だ」と答えたとのことでした。

　広島県砂防課に、2019年10月29日、広島県の砂防予算について、問い合わせてみました。「2019年度の広島県の砂防予算は178億2000万円」とのことでした。砂防ダムの1基当たりの整備費は1〜4億円です。2019年12月6日、広島県砂防課に問い合わせてみたところ、「1年間に整備できる砂防ダムは5〜10ヵ所」とのことでした。砂防ダムの整備が完了するのは、何年後になるのでしょうか。

（5）全国の土石流危険渓流は約9万ヵ所も

　土石流は、1時間降水量が50㎜前後を超えると、発生しやすくなります。そのような集中豪雨は、台風や梅雨前線にともなって発生します。広島県の今回の土石流災害は、梅雨前線豪雨が引き金になりました。梅雨前線豪雨は、台風にともなう豪雨とは違って、予告なしに襲来することが少なくありません。そのような豪雨に襲われると、切迫避難では命を守ることができない土石流が、全国各地の土石流危険渓流であいついで発生することになります。

　国土交通省は、2003年、土石流危険渓流に関する調査結果を公表しました。それによると、日本の全土には、8万9518ヵ所もの土石流危険渓流があるとのことでした。土石流危険渓流は、調査が進むにしたがって、その後も、増え続けました。国交省は、毎年、土砂災害警戒区域等の指

定状況を公表しています。それによると、2018年3月31日現在、全国の土石流危険渓流のうち、10万9161ヵ所が土砂災害特別警戒区域に、6万5851ヵ所が土砂災害警戒区域が指定されていたとのことです。

　砂防ダムの整備率は、いまのところ、全国平均だと20％程度にとどまっています。このままだと、残りの80％程度の土石流危険渓流では、「記録的な豪雨」のたびに、恐ろしい土石流が発生することになります。そして、そこが居住地になり、砂防ダムなどが整備されていないと、「記録的な豪雨」のたびに、多数の住民が命を奪われることになります。

　地球の温暖化がさらに進むと、水蒸気をたくさん含んだ気流が、日本列島に流入しやすくなり、梅雨前線をさらに活発化させます。「記録的な豪雨」が発生しやすくなります。それにもかかわらず、砂防ダムなどの整備は、大きく立ちおくれています。地球温暖化問題は、土砂災害（特別）警戒区域に住む人々にとっては、すでに「身近な環境問題」の一つになっているのです。

4　2019年の台風19号災害をふりかえる
（1）「狩野川台風級の台風」がやってきた

　2019年10月12日19時頃、台風19号が、強い勢力を維持したまま伊豆半島に上陸しました。その後、関東地方と福島県を縦断し、各地に記録的な豪雨をもたらしました。

　台風19号は、2019年10月6日に南鳥島付近で発生し、発生からわずか39時間で中心気圧が915hPa（ヘクトパスカル）まで低下しました。「猛烈な勢力の台風」となり、上陸直前になっても、955hPaの中心気圧を維持していました。このため、気象庁は、10月11日11時から臨時の記者会見を開き、「12日から13日にかけて、東日本を中心に、広い範囲で記録的な大雨となる見込みで、昭和33年の狩野川台風に匹敵する記録的な大雨となるおそれがある」と警告しました。

　狩野川台風は、1958年9月21日に発生し、9月27日に神奈川県に上陸しました。伊豆半島の湯ヶ島では739㎜の総降水量が記録され、狩野川

流域では、853人の死者・行方不明者を数えました。このため、この台風は、「狩野川台風」と命名されました。

今回の2019年台風19号でも、伊豆半島の湯ヶ島では、778mmの総降水量が記録されました。記録的な降水量は東日本から東北地方にかけての広い範囲で観測され、東日本を中心とする17地点で、総降水量が500mmを超えました。神奈川県箱根町では、総降水量が1001.5mmに達しました。

（2）広域豪雨は一級河川を氾濫させた

台風19号の通過にともなって、気象庁は、静岡県から宮城県にかけての13都県に大雨特別警報を発表しました。2018年7月の西日本豪雨のさいにも、11府県に大雨特別警報が発表されました。今回は、それを上回り、特別警報の運用開始以来、最多の発表になりました。台風災害による死者・行方不明者は100人（内閣府）を数えました。

今回の豪雨は広い範囲に降る広域豪雨になりました。このため、流域面積の大きな各地の一級河川でも、洪水害が発生しました。その一つが、茨城県水戸市を流れる那珂川の洪水害でした。

水戸市では、10月12日には126mmの降水量を観測しものの、13日の午前1時頃には雨は完全にあがっていました。しかし、那珂川の上流にある栃木県大田原市では、12日に観測史上最高の298.5mmの降水量を記録していました。このため、水戸市内を流れる那珂川の水位は13日に入ると急上昇し、午前3時前には氾濫危険水位の6.2mを超え、その7時間後には9.78mに達しました。

このため那珂川では、水戸市とひたちなか市の3ヵ所で、洪水が堤防を越えてあふれ出ました。水戸市は13日の午前3時半に避難指示を発令しましたが、その避難情報は十分には伝わらず、逃げ遅れる人が続出しました。

しかし、那珂川の堤防が防災力をもっていれば、それらの住民も、切迫避難においこまれるようなことはなかったはずです。那珂川の堤防は、どうなっていたのでしょうか。

　国土交通省は、国が直轄する一級河川について、堤防の整備状況を発表しています。その「直轄河川堤防整備状況（2019年3月末現在）」を見ると、那珂川の堤防整備率は37.7％にとどまっていました。また、「無堤防区間」が、全体の42.0％を占めていました。その比率は、一級河川のなかでは、全国第1位の不名誉な数値でした。そして、今回の3ヵ所の氾濫は、その「無堤防区間」で発生したのです。地元住民は、市長といっしょになって、くりかえし築堤を要望してきました。しかし、整備計画の「優先順位」が低いとされ、堤防の整備は、今回の被災まで見送られてきました。

　もっとも、ほかの一級河川の整備率も、自慢できるような数値にはなっていませんでした。福島県から宮城県に流れる阿武隈川の整備率は68.1％、千曲川を含む信濃川の整備率も70.8％でした。那珂川の北を流れる久慈川の整備率は、何と、27.5％にとどまっていました。

　それだけではなく、たとえ整備が終わったとしても、防災規準になる「降雨の再現期間」は、あまり長くなかったのです。「重要度」が高いとされている利根川や荒川は、「200年に1回の割合で再現する大雨」を目安に堤防が整備されています。しかし、信濃川と阿武隈川の再現期間は150年、那珂川と久慈川の再現期間は100年にとどまっていました。那珂川は、その想定を超える大雨が降ると、当たり前のように氾濫する、防災力の低い一級河川だったのです。

　国は、2015年に水防法を改正し、堤防整備の前提になる降雨を、「想定しうる最大規模の降雨」に変更しました。そして、都道府県は、その法改正を受けて、洪水浸水想定区域図を作成することになりました。那珂川の「想定しうる最大規模の降雨」は、「48時間総降水量＝459mm」になりました。だから、那珂川水系の洪水浸水想定区域図は、その総降水量を超える降雨が発生すると、間違いなく浸水する区域を示すことになりました。

　その洪水浸水想定区域図を原図とする洪水ハザードマップを見ると、水戸の市街地大部分が、「0.5m〜3mの浸水域」に色分けされています。

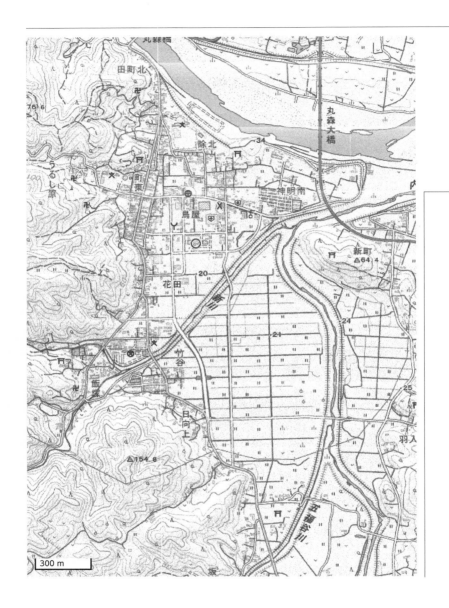

> **宮城県丸森町竹谷地区**
>
> 　地図の北端を、阿武隈川が西から東へと流れています。その河川に、北流する新川・内川が合流しています。竹谷地区のまわりには、水田の記号が描かれています。氾濫平野であることが推察されます。
>
> 　新川の両岸には土堤が築かれています。しかし、その高さは阿武隈川の土堤よりも低く、阿武隈川の洪水が新川に逆流するバックウォーターが発生し、新川の土堤を越水することになりました。
>
> 　　　　　　　　　　　　　　　　　　　資料出所　地理院地図

国が管理する一級河川の防災水準は、現在、その程度のレベルにとどまっているのです。

（3）宮城県丸森町では二級河川が氾濫した

　2019年の台風19号災害では、長野県、福島県、宮城県など7県の71河川で堤防が決壊し、浸水面積は、ＪＲ山手線の内側エリアの4倍にあたる約2万5000ヘクタールに達しました。ところが、堤防が決壊した河川の「等級」を調べてみると、その約9割は県が管理する中小の二級河川でした。

　朝日新聞社は、県が発表した資料や担当者への取材で入手した資料をもとに、堤防が決壊した個所の具体的な地点を特定しました。それによると、堤防が決壊した140ヵ所のうち、8割に当たる112ヵ所が、本流と支流の合流点から約1kmの範囲にあったことが判明しました。それらの合流点付近では、本流と支流の水位差が大きくなり、支流の洪水が本流に流れ込めず、本流の洪水が支流に逆流するバックウォーターが発生したとみられています。

　11人が犠牲になった宮城県丸森町には、福島県を上流域とする阿武隈川が流れています。その阿武隈川の本流では、今回、堤防は決壊しませんでした。堤防が決壊したのは、阿武隈川に流入する新川などの支流であり、その流域にひろがる竹谷地区で洪水害が発生しました。新川からあふれ出た濁流は、1階の天井近くまで達し、2人の住民が1階で亡く

なりました。

　どうして、本流の阿武隈川ではなく、支流の新川の堤防が決壊したのでしょうか。集水面積の広い阿武隈川には、「150年に1回の大雨」に耐えられる堤防が計画されていました。このため、水位は異常に高くなったものの、洪水は堤防内におさまっていました。集水面積の狭い新川の水位も上がりましたが、しだいに阿武隈川との水位差が大きくなり、新川の洪水は本流の阿武隈川に流入できなくなりました。そして岡山県倉敷市真備地区と同じように、本流の洪水が流れ込むバックウォーターが発生し、新川の洪水が竹谷地区にあふれ出たのです。

　丸森町竹谷地区では、被災当日、多くの住民が自宅にとどまっていました。というのは、被災前に配布された洪水ハザードマップは、阿武隈川の氾濫を想定したものであり、それによると、竹谷地区は「浸水しない地域」になっていたのです。福島県は、支流の新川を想定した洪水浸水想定区域図を、まったく作成していませんでした。このため、丸森町は、新川の洪水を想定した洪水ハザードマップを作成できないでいたのです。

（4）中小河川の洪水浸水想定区域図は？

　朝日新聞社が国土交通省と被災県に取材したところ、堤防が決壊した71河川のうち、50.7％にあたる36河川で、洪水浸水想定区域図が作成されていなかったことが判明しました。丸森町では、堤防が決壊した三つの支流のすべてで、洪水浸水想定区域図が作成されていませんでした。どうしてでしょうか。

　「朝日新聞」（2019年11月3日付）によると、宮城県の防災担当者は、「大規模な河川の浸水想定作業を優先した。浸水想定には、1河川で半年以上の時間と、1千万円以上の費用が必要になる。中小河川にも広げたいが、人手と財源との兼ね合いもあり悩ましい」と語ったとのことです。

　東日本大震災後、「自分の命は自分で守れ」と号令をかけていた東京

大学特任教授の片田敏孝氏も、「朝日新聞」（2019年11月３日付）による
と、今回の被災後は、「住民の命を守るためには、都道府県が浸水想定
の対象を、中小河川にまで広げるべきだ」と主張するようになった、と
のことです。

　政府は、2018年７月豪雨災害の教訓を踏まえて2018年12月、「防災・
減災、国土強靭化のための３か年緊急対策」を閣議決定しました。そし
て、人命被害の恐れのある約280河川で、2020年度までに堤防のかさ上
げや越水対策などを実施するとしていました。しかし、今回、堤防が決
壊したすべての個所が、「緊急対策」の対象外になっていました。

　衆議院で、この問題を問いただした日本共産党の髙橋千鶴子議員は、
「しんぶん赤旗」（2019年12月８日付）の紙上で、「『緊急対策』は全国約
２万の河川の１割。堤防の決壊個所は対象外であるばかりか、河道掘削
さえほとんど着手できていない。３年では終わらないし、河川改修の予
算も人も、思い切って増やす必要がある」と語っていました。

（5）狩野川の本流は氾濫しなかった

　2019年10月の台風19号は、「狩野川台風級の勢力」を保って、狩野川
台風とよくにたコースをたどり、「狩野川台風を上回る豪雨」をもたら
しました。しかし、狩野川の本流では、氾濫被害は、まったく発生しな
かったのです。どうしてでしょうか。

　狩野川水系の河川を管理している国土交通省沼津河川国道事務所は、
今回の被災後、「令和元年台風第19号による狩野川の出水状況」という
報道資料を発表しました。そしてそのなかで、「狩野川放水路がなけれ
ば、狩野川のいたるところで越水や決壊が発生し、甚大な被害が発生し
たと推定されます。狩野川放水路により、狩野川沿いの沼津市、伊豆の
国市、三島市、函南町、清水町を河川氾濫から守りました。被害の防止
効果は、約7400億円と推定されます」と報告していました。

　狩野川放水路は、狩野川の洪水を途中から駿河湾に放水し、その下流
の水位を下げる防災施設です。この施設は、狩野川台風襲来以前の1951

年に着工され、1965年に完成しました。狩野川放水路は、洪水時にはゲートを全開し、毎秒、25mプールで6杯分の洪水を駿河湾に放水します。今回、その放水力が、全開されました。

　狩野川放水路がなかった場合、今回の洪水で、河口から7.8km地点にある水位観測所の水位は、堤防が安全に洪水を受け止めることができる計画高水位を超えて、標高12.75mになったと推計されています。しかし、放水効果により、水位が1.85m低下したおかげで、洪水が堤防を越える越水は発生しませんでした。

　狩野川本流は洪水害を免れました。しかし、本流の水位が異常に高くなったため、支流の洪水が流入できなくなり、下流域の4市町で、バックウォーターによる洪水害が発生しました。

（6）荒川の本流も氾濫しなかったが

　一級河川の本流の氾濫は、首都圏を流れる荒川でも、発生しませんでした。しかし、支流の二級河川は各地で氾濫し、その惨状がテレビに放映されました。

　荒川は、秩父山地を上流域とし、東京湾に流入する一級河川です。その秩父山地では、今回、台風19号の接近・通過にともなって、広い範囲で大雨が降り、荒川流域の72時間降水量は446mmに達しました。

　水源地帯に降った雨水は荒川に集まり、埼玉県熊谷市に設置されている水位観測所は、「堤防の頂部まであと1mの水位」を観測しました。荒川の水位は、荒川が隅田川と分かれる地点にある岩淵水門水位観測所でも、10月13日9時50分には7.17mの最高水位を観測しました。しかし、計画されていた堤防の高さが12.5mあったおかげで、余裕をもって越水・破堤をくいとめることができました。

　二つの水位観測所の間には、荒川の洪水を大量に貯留する、「荒川第一調節池」が整備されていたのです。荒川第一調節池は、広大な河川敷をもつ荒川中流部に整備され、そこには「彩湖」と命名された調節池もつくられていました。その調節池は、3900万㎥（東京ドーム約31杯分）

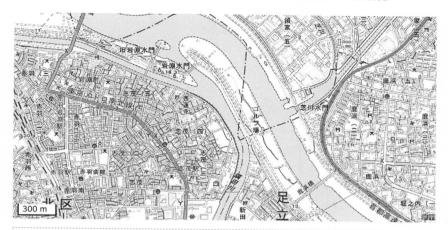

東京都北区岩淵水門付近

　荒川は、かつては、墨田川の川筋を流れていました。このため、東京の下町は、氾濫常襲地帯になっていました。そこを守るために、荒川放水路を掘削して、人工河川である荒川本流の川筋をつくりあげたのです。

　その荒川は、地図の中央部を、北西から南東に向かって流れています。かつての荒川の川筋には、墨田川が南流しています。いまの隅田川は、岩淵水門のところで、荒川の水を分けてもらっているのです。今回、荒川の水位が異常に高くなったため、岩淵水門を閉鎖して、墨田川の越水を防止することになったのです。そのおかげで、東京大水害は、なんとか回避することができました。

資料出所　地理院地図

の洪水調節容量をもち、今回は約3500万㎥の洪水を貯留し、岩淵水門観測所の水位を大きく下げたのです。

　荒川は、岩淵水門から先は、隅田川と荒川本流（旧荒川放水路）に分かれます。今回、都心部を流れる隅田川の氾濫を防ぐために、国土交通省荒川下流事務所は、12日の9時17分に岩淵水門を閉鎖しました。水門の閉鎖は15日の5時20分まで続きました。

　「東京新聞」（2019年11月8日付）によると、国土交通省荒川下流事務所は、「岩淵水門を閉鎖していなければ、隅田川の堤防は越水し、氾濫した恐れがあった」と語っていたとのことです。

確かに、岩淵水門を閉鎖すると、隅田川の氾濫は防止できます。しかし、その反面、荒川本流の水位は上昇しやすくなります。荒川が西部を流れる東京都江戸川区は、12日9時45分、浸水のおそれがある地域の21万4000世帯、43万2000人に対して、避難勧告を発令することになりました。

　荒川には2018年度以降、洪水調節容量3800万㎥の第二調節池、洪水調節容量1300万㎥の第三調節池が整備されています。しかし、その完成は、2030年度になるといわれています。それまでに、今回を上回るような雨台風が襲来すれば、荒川本流の氾濫も、避けられなくなる可能性があります。

　荒川の下流域には、「荒川低地」と呼ばれる氾濫平野が、大きくひろがっています。そこは、地形的には「氾濫危険地域」であり、「想定最大規模の大雨」を想定した洪水浸水想定区域図では、「氾濫想定区域」に区分されています。

　江戸川区が区民に配布した洪水浸水想定区域図は、「荒川流域の総降水量632㎜」を想定しています。幸いなことに、今回の「荒川流域の総降水量」は、446㎜にとどまっていました。そのこともあって、江戸川区の浸水想定区域は、「荒川の氾濫」を免れることになったのです。

　しかし、地球の温暖化がさらに進み、「想定最大規模の大雨」が降るようになると、そうはいかなくなります。そうすると、荒川低地は、想定通りの大氾濫地域になるはずです。国土交通省荒川下流事務所に問い合わせたところ、「想定最大規模の大雨」を想定した河川の整備計画は、いまのところ、まったく策定されていないとのことでした。

5　東京ゼロメートル地帯はどうなるのか
（1）発令されなかった「広域避難勧告」

　2019年の台風19号が東海沖を北上中の10月12日7時15分、気象庁は、「荒川流域の3日間の総降水量が500㎜を超える可能性がある」との予測を発表しました。

　江東5区（墨田区、江東区、足立区、葛飾区、江戸川区）は、10月11日

には、共同で「広域避難」の検討を始めました。しかし、「パニックの発生」を恐れて、「広域避難検討の開始」は公表しませんでした。このため、東京都江戸川区は、12日の９時45分、単独で避難勧告を発令することになりました。

　隅田川以東の江東５区は、もともと、標高の低い荒川低地にひろがっていました。その低地帯が、近代以降の地盤沈下によってさらに低くなり、平均満潮位よりも低い「海抜ゼロメートル地帯」が大きくひろがるようになりました。そこには、隅田川、荒川、中川、江戸川などが流れ、1947年のカスリーン台風災害では、浸水期間が20日を超えた地域もありました。

　ゼロメートル地帯では、自然の状態では、氾濫した水が元の河川にもどりません。だから、人工的な排水施設に頼るしかないのですが、その排水施設がうまく機能しない場合があります。そうすると、広い範囲にわたって、浸水が20日を超えて続くことになるのです。

　大規模な水害が発生すると、江東５区全体だと、258万人もの「浸水人口」が発生することになります。しかし、江東５区内の避難所の収容力は、約20万人分しかありません。そこで、「江東５区大規模水害対策協議会」をたちあげて、「区外への広域避難」を呼びかけることにしたのです。

　具体的には、大規模水害が予想される３日前になると、いずれかの区長の呼びかけで「共同検討」を開始します。そして、共同検討で意見がまとまると、住民に「自主広域避難」を呼びかけることにします。さらに、１日前になると、５区長が共同で「広域避難勧告」を発令することにします。いよいよ、当日です。江東５区の区長は、６時間前になると、広域避難も危険をともなうようになるため、建物の高所への避難を促す「垂直避難勧告」を発令することにします。

　しかし、今回は、「自主的広域避難」の呼びかけを見送りました。それだけでなく、江東５区が「共同検討」を開始したことも、公表しませんでした。江戸川区危機管理課の課長は、その理由を、「すでにJRなどの翌日正午からの計画運休が分かっており、24時間を切っていた。発表すると不安を感じた住民が短時間に駅に殺到したり、車で避難しようと

して大渋滞が起こり、車に乗ったまま被災する危険性が予想されたため発表しなかった」(「東京新聞」2019年10月31日付)と説明していました。

　江東5区大規模水害対策協議会は、巨大台風による大規模水害を想定しています。だから、「3日前からの避難対策」も、何とか計画することができます。しかし、2018年7月豪雨のような梅雨前線による広域豪雨は、「予告」なしに発生することがあります。そのような場合は、どうしたらいいのでしょうか。深刻な検討課題が、改めて、浮かび上がってきました。

　今回は大型台風にともなう大雨でした。荒川上流域の大雨は10月12日に集中しました。そして、同日20時50分には、荒川の水位が上昇したため、隅田川流域を守るために、岩淵水門を閉鎖しました。江東5区が「共同検討」を始めたのは、その前日の10月11日でした。結果的には、今回は、「3日前からの避難対策」にはなりませんでした。しかし、次回は何としてでも、「3日前からの避難対策」を成功させたいところです。どうして、でしょうか。

（2）「ここにいてはダメです」

　江戸川区は、2019年5月、『江戸川区ハザードマップ』という小冊子を全世帯に配布しました。その表紙には東京ゼロメートル地帯の地図が描かれ、江戸川区のところに「ここにいてはダメです」と書きこまれています。さらに、「浸水のおそれのないその他の地域」と書かれ、「神奈川方面」、「東京西部方面」、「埼玉方面」、「茨城方面」、「千葉方面」に向けて矢印が描かれています。「江戸川区民は、矢印の方向に避難しなさい」というのです。

　小冊子のなかに収録されている「荒川洪水浸水想定区域図」は、「荒川流域の72時間総雨量632mm」の大雨を想定しています。その洪水ハザードマップを読むと、荒川の両岸地域は、想定される浸水深が「3〜5m未満（2階まで浸水）」、「5〜10m未満（3〜4階まで浸水）」になっています。浸水しない地域は、JR京葉線葛西臨海公園駅を中心とした、

南西部の一部に限られています。「ここにいてはダメです」という注意書きが、単なる「脅し」ではなかったことが、改めて実感できます。

　しかし、広域避難の避難先は、どうなるのでしょうか。小冊子には、何と、「各自で避難先を確保」と書かれています。それでは、避難先が確保できない場合は、どうしたらいいのでしょうか。小冊子には、「区内や区周辺の水害が発生しても

「ここにいてはダメです」と記された
江戸川区ハザードマップ

浸水しない安全なところ＝地域防災拠点への避難」と書かれています。しかし、地域防災拠点は、何人くらいの避難者を受け入れてくれるのでしょうか。自主的な避難が困難な災害時要支援者の避難は、どうなるのでしょうか。それでも、水害対策の基本は、広域避難しかないのでしょうか。江戸川区民の不安は、つのるばかりです。

　東日本大震災後、東北地方の被災地では、居住地を最大級の津波も到達しない高台や内陸へ移転させ、「緊急避難を不要とする居住地づくり」を実現しつつあります。しかし、江戸川区の水害対策には、そのような「集団移転計画」は、組み込まれていません。そのかわり、国や東京都と連携しながら、「スーパー堤防の整備」を進めようとしているのです。

先進的な江川の洪水対策

田辺　勝義

　川崎市の中部に江川があり、矢上川が流れ、堤防には市内随一の桜並木がありました。しかし、時代は進み、都市化の進展のなかで、井田・下小田中地域に洪水が頻発するようになりました。上流の保水能力低下が原因で、自然環境破壊と無計画な都市開発が引き起こしたものでした。市の資料によれば、1955年から1990年の間に市内の田畑は5分の1になり、樹林地は半分に減り、緑被率は60％から15％程度になっていました。遊水地的な場所も宅地等になっていました。

　この対策として、矢上川・江川は両岸とも箱型のコンクリートの河川にされ、堤防の桜並木は、1972年に全て伐られました。しかし、それにも拘らず洪水が繰り返され、特に1982年の大洪水が起こると、市による下水道の整備が洪水対策を前面に計画されるようになりました。温暖化による降雨の量が問題になってきたのです。

　それで、市は、洪水対策として江川の地下に、50年に一度の豪雨にも対応できる、巨大な雨水貯留管（直径9m、延長1.5km、総工費280億円）を埋設し、上部には緑道を造り、高度処理水をせせらぎとして流す計画にしたのです。1990年代中頃に、市の財政難で工事が中断しそうになりましたが、沿線の全町会も含めた住民の要請により乗り越えられました。2000年に貯留

（3）スーパー堤防でまちを守る？

　「スーパー堤防」というのは、行政レベルでは、「高規格堤防」と呼ばれています。その高規格堤防は、普通の堤防よりもはるかに幅の広い堤防であり、堤防の幅を堤防の高さの30倍程度にする、「左岸・右岸が非対称の堤防」を指します。だから、堤防の高さが10mだとすると、堤防の幅は300m程度になります。河川側の堤防の角度は、これまでの堤防と、大きくは変わりません。しかし、市街地側の堤防の角度は、3％以

管が完成してから20年、豪雨や台風も来ましたが、一度も洪水
は起こっていません。川崎市は、住民の要請も受けながら、こ
ういう効果的な洪水対策を以前にはしていたのです。

　2019年の台風19号に伴う豪雨により、市内の小杉・丸子地域
は多摩川の増水の侵入を止められず、外水氾濫が起こりひどい
被害が出ました。井田・下小田中地域はというと、雨水貯留管
のお蔭で何の心配もありませんでした。市の資料によれば、こ
の地域では、258mmの一日総雨量があり、最大時間雨量は
31mmでした。備えあれば憂いなしとはこのことです。
　付け加えれば、神奈川県は県管理の矢上川上流の下部に雨水
貯留管を計画し、埋設しつつあるようです。この動きは、この
地域住民の要請後30年近く経っていますが、江川の雨水貯留管
の効果が上流部の貯留管埋設を促したのでしょう。

　ところで、ある気象予報士は、「千葉などの豪雨は凄まじい
もので、一日総雨量が300mmを超え、時間最大で100mmでし
た。そして、この台風の豪雨は明らかに地球温暖化による影
響を否定できない。」と言っています。このまま温暖化が進ん
だとすると、江川の雨水貯留管は、一日400mmの雨量、一時
間で今回の3倍の100mmの雨量に耐えられるのでしょうか。
今回の雨量で、貯留管がどの程度一杯になったかは分かってい
ません。しかし、今後を想定して、監視員を置き、水量計測器
は設置すべきではないでしょうか。

内の緩傾斜になります。そしてそこは、緩やかに傾斜する、「新しい市
街地」になるのです。だから、スーパー堤防整備計画というのは、普通
の防災計画とは異なり、「まちづくり計画」の一つにもなるのです。
　江戸川区は、「江戸川区におけるまちづくりの基本方針」のなかで、
「スーパー堤防整備による強固な水防のまちづくり」、「スーパー堤防と
連携した防災上の拠点（防災コア）づくり」、「スーパー堤防と合わせて
整備が必要な市街地の改善を促進し、市街地の防災性を向上させるまち

づくり」、「川が身近にある暮らしを満喫できる特色のある水辺空間づくり」といった基本方針を掲げています。

とはいえ、スーパー堤防の整備には、かなりの費用がかかります。住民の合意形成にも、十分な時間が必要です。スーパー堤防整備事業は、1987年から開始され、首都圏と近畿圏の6河川を対象に実施されてきました。しかし、江戸川区の整備率（2020年3月現在）は、21.8％にとどまっています。

江戸川区は、「異常気象や地球温暖化による海面上昇により、これまでの予測を上回る、計画高水流量を超える超過洪水や、異常潮位が発生することが現実的になっている」との危機感を前面におし出して、「スーパー堤防整備の必要性」を訴えています。しかし、スーパー堤防の整備が終わらないうちに、今回の台風19号を上回るようなスーパー台風が襲ってきたら、浸水想定区域はどうなるでしょうか。江戸川区民にとっても、地球温暖化問題は、すでに「身近な環境問題」の1つになっているのです。

（4）スーパー台風災害で約16万人の犠牲者も

江戸川区は、「スーパー堤防整備の必要性」の1つに、「異常潮位の発生」をあげています。そして、東京都が2018年3月に発表した高潮浸水想定区域図を原図として、「高潮災害を想定したハザードマップ」を区民に配布しています。

それを読むと、荒川以西の区域は、ほとんどが「5〜10m未満」の浸水域になっています。それ以外の区域も、大部分が、「3〜5m未満」の浸水域になっています。

それでは、東京都は、どのような想定を設けて、高潮浸水想定区域図を作成したのでしょうか。

東京都港湾局が2018年3月に発表した『高潮浸水想定区域図について〜説明資料』は、「高潮の影響が極めて大きくなる台風」を想定したとしています。具体的には、「台風の中心気圧は日本に上陸した既往最大規

56

台風、豪雨を経験して

平田　清一

　昨年秋、私の住む千葉県を襲った台風と集中豪雨は想定を上回るものでした。

　強いまま接近した台風15号は家が吹き飛ぶのではないかと思うほど強風が吹き荒れ、実家の屋根瓦などが傷みました。その周囲の家々の屋根も同様でした。南房総ははるかにひどい状況でした。長期間に及ぶ停電もかってないもので、県外からの協力にもかかわらず復旧は長引きました。想像以上の強風による広域の電柱・電線の倒壊・破損に加えて多量の杉などの倒木が迅速な復旧作業を妨げていました。杉は根の張りが浅く、小さいです。また、間伐などの手入れ不足や溝腐病などで弱っていたことも影響していたようです。

　10月25日の豪雨は私にとっても「想定外」でした。雨雲はいつものように直に東へ通り過ぎると思っていました。だが今回は南岸の低気圧と台風21号からの暖かく湿った空気、北の高気圧からの冷たい空気が千葉県上空でぶつかり続けました。あちこちの小さな川はあっという間に氾濫。小規模な土砂崩れは至る所で起き、交通網も寸断されました。

　これらにたいして、地域の自治会、消防団も出動して状況把握、障害物の除去などの迅速な対応をしていました。一方、災害が予想されたにもかかわらず国や県の初期対応はお粗末でした。私も、近隣の浸水した家の片付けなどを手伝いました。多くのボランティアの方々も来られました。しかし、ボランティア頼みでない体制の確立も必要だと思います。

　今でも特に南房総ではブルーシートがかかったままの家が多くあります。復旧の遅れの原因には資金不足、地域の瓦屋さんや大工さんなどの業者不足があります。産業構造の変化の結果でもあります。被害や復旧の遅れは地方で顕著です。災害によって人口減少・空き家問題などがいっそう進む悪循環が懸念されます。これから地球温暖化が加速すると、自然と社会がどうなってしまうか心配でなりません。

模の台風である室戸台風と同程度（中心気圧＝910hPa）が、伊勢湾台風と同じような移動速度で移動する」とした上で、「計画規模の洪水も同時に発生することによる堤防等の破壊」をも想定することにしました。

　そうすると、東京湾の沿岸地域の潮位は、東京湾の平均海面よりも６ｍほど高くなると推定しています。東京湾をとりまく海岸堤防の高さは、東京湾の平均海面プラス3.5～6.9ｍです。このため、かなりの個所で、高潮の潮位が海岸堤防の高さを上回ることになります。それだけでなく、風波が打ち寄せるために、海面は、さらに２ｍ近く上昇すると推定されています。その結果、墨田区、葛飾区、江戸川区では、区域の約９割が浸水すると想定されています。そうすると推定死者数は、「避難率０％」の場合は約7600人となり、「避難率80％」の場合でも約1500人になるというのです。

　「約7600人の推定死亡者数」というのも衝撃的な数値ですが、関西学院大学特任教授の河田恵昭氏は、『日本水没』（朝日新書、2016年）のなかで、「最悪約16万人の犠牲が心配される」と警告しています。その警告は、「東京湾を大型台風が直撃し、荒川の上流部に200年に１回程度の豪雨が降る」という「極端な気象」を設定して、大洪水と巨大高潮が同時に発生することを想定しています。そうすると、東京ゼロメートル地帯を中心に、378万人の浸水域人口が生ずるというのです。また、東日本大震災では、浸水域人口に対する津波による死亡率は、4.3％だったとしています。河田恵昭氏は、そのような死亡率を想定して、「最悪の場合、約16万人の犠牲者が」という警告を発したのです。

　もっとも、東京都は、「室戸台風級のスーパー台風」が、頻繁に襲来するようになるとは想定していません。「スーパー台風が東京湾周辺を通過する確率は、1000～5000年に１回と想定されています」と説明しています。しかし、地球温暖化がさらに進むと、その確率は確実に高まるとみられています。そのような気候変動を視野に入れて、水害対策先進国のオランダは、「地球温暖化を想定した水害対策」を、国家的プロジェクトとし進めることにしました。

（5）オランダは「3万年に1回の高潮・洪水」を想定

　オランダは、国名（Nederland＝低地の国）の通りに、国土の1/4をゼロメートル地帯が占めています。しかも、その低地帯に、ライン川などの大河川が流れ込んでいます。だから、オランダの歴史は、「水との苦闘の歴史」ともいわれてきました。

　オランダ大使館のホームページは、『オランダとわたし』というコーナーを設けています。そこには、「オランダの人口の70％が海抜ゼロメートル地帯に居住しています。そのためオランダは水管理や浄水に関する専門知識が大変豊富です」、「オランダ・デルタは世界最高峰の洪水防止力を誇ります」などと書かれています。「最高峰の洪水防止力」の到達点は、どこまできているのでしょうか。

　オランダは、北海に面する海洋国家であり、北海の一部であるゾイデル海を領域としてきました。しかし、そのゾイデル海沿岸には、しばしば、水位の高い高潮が押しよせてきました。「水との苦闘の歴史」は、「高潮との苦闘の歴史」でもありました。そして、20世紀に入ると、沿岸低地と新しい干拓地を高潮から守るため、ゾイデル海の湾口を防潮堤で閉めきることにしました。「締め切り大防潮堤」の建設は、1927年に始まり、1932年に完成しました。

　その大防潮堤は、総延長が32.5km、幅が89m、海面からの高さが7.5mという巨大な構造物であり、防潮堤の最上部は往復4車線の高速道路になっています。

　オランダは、1953年の1月から2月にかけて、猛烈な高潮に襲われました。「締め切り大防潮堤」は、何とか、後背地を高潮から守りきりました。しかし、ライン川などが流入する南西部のデルタ地帯は、防潮堤の防災力が脆弱だったため、高潮の侵入を許してしまいました。高潮災害による犠牲者は、1836人を数えました。

　その大災害を重く受け止めたオランダは、デルタ地帯を高潮災害から守りきるために、「デルタ計画」という名称をもつ大治水計画を推進することにしました。河口部の防潮堤と河川の堤防を思い切って強化し、

そこを、「1953年クラスの高潮」にも絶対に負けない、安全・安心地帯に変えようとしたのです。

　それだけでなく、2011年から毎年、地球の温暖化を見据えて、「新デルタ計画」を策定することにしました。2015年の「新デルタ計画」は、「2050年までに洪水によって人命が失われる確率を10万分の1以下にする」という目標を立てて、堤防の「洪水防御規準」を飛躍的に高めることにしました。

　洪水防御規準というのは、「防災力の規準」であり、「何年に1回の高潮・洪水に耐えるか」を示すものです。その洪水防御規準は後背地の重要度によって異なります。2017年からの洪水防御規準は、最重要地域については、「3万年に1回の高潮・洪水」になりました。さらに、その洪水防御規準を、2050年までには「10万年に1回の高潮・洪水」に引き上げようとしています。

　また、気候変動への適応策として、「破堤しないデルタ堤防」の整備を進めようとしています。そのデルタ堤防というのは、「通常の堤防よりも高さがあり、幅も広く、強靭な堤防であり、都市再開発と一体となった堤防である」というのです。

　そうだとすれば、それは、東京都江戸川区が整備を進めている「スーパー堤防＝高規格堤防」と同じような発想の堤防です。それだけでなく、国のデルタ計画委員会は、アイセル湖の水位が、地球温暖化にともなって、長期的には1.5m上昇すると想定して、それへの対策をいまから進めることを、オランダ政府に提言しています。

　それでは、「台風銀座」に位置する日本は、地球の温暖化を視野に入れた水害対策を、どこまで具体化しているのでしょうか。

（6）オランダより低い日本の治水安全度

　旧建設省で水害対策を担当していた元局長・部長等は、2018年、『激甚化する水害』（日経BP社）を刊行し、「日本の治水安全度はオランダやイギリスとくらべると、著しく低い水準にとどまっている」と指摘して

います。そして、「我が国は諸外国と比べて整備水準が低い河川がほとんどであり、安全・安心の確保には程遠い水準にある。地球温暖化の影響と思われる昨今の異常な水害の未然防止対策は待ったなしであり、計画的な治水事業を推進するために必要な予算の確保が急務である」と続け、「低迷する昨今の治水事業予算」をなげいています。

　日本は、環太平洋造山帯に位置する「山がちな島国」であり、山地が国土面積の61.0％を占めています。だから、「居住に適した土地」は、丘陵地を含めても、27.3％しかありません。そのうちの13.8％は標高の低い低地ですが、その低地の多くは、堤防の整備がおくれているため、浸水想定区域になっています。山梨大学准教授の秦康範氏の研究によると、その浸水想定区域内の人口は、1995年から2015年の間に約150万人増えて、2015年には日本の全人口の28.0％を占めるまでになった、とのことです。

　それにもかかわらず、「標高の低い土地」を流れる河川の治水安全度は、「重要度」が最も高いとされている利根川、荒川でも、「200年に1回の大雨」に耐える堤防の整備すら、まだ途上段階にあります。都道府県が管理する中小河川の場合、「10年に1回の降雨」に耐える堤防の整備すら、途上段階にあるところが少なくありません。

　日本の地形は、山地と平地に分かれ、24.8％を占めるにすぎない平地に人口と産業が集まっています。その平地は、かならず山地と接しており、周辺は山麓部になっています。そして、その山麓部の谷口には、土石流のくりかえしによって形成されてきた扇状地がひろがっています。だから、そこが居住地となり、砂防ダムなどが整備されていないでいると、「記録的な豪雨」のたびに、土石流災害がくりかえされることになります。

　国は、そのような土地を土砂災害（特別）警戒区域に指定し、土砂災害防止対策を進めようとしています。日本全体だと、その土砂災害（特別）警戒区域は、2018年3月31日現在、約66万ヵ所もあります。会計検査院は、2014年8月、全国の砂防施設整備率を調べました。その結果、土砂災害の危険性が特別に高い土砂災害特別警戒区域のうちの8割の個

所で、砂防ダムなどの砂防施設が整備されていないことが分かりました。検査院がその理由を都道府県にたずねたところ、「予算が限られている」との回答が返ってきたとのことでした（「朝日新聞」2015年9月17日付）。

　前掲の『激甚化する水害』のなかで、元建設省幹部は、「我が国の治水事業予算は、1997年のピーク時とくらべると、2017年度には、その6割の水準にまで減少している。計画的な治水事業の実施のためにも、所要の予算の確保は急務である」と書いています。

　「計画的な治水事業の実施」は、「所要の予算の確保」を急務とします。国土交通省は、2019年10月、『気候変動を踏まえた治水計画のあり方（提言）』を発表しました。しかし、その治水計画の実施には、「所要の予算の確保」が不可欠です。「気候変動を踏まえた予算編成のあり方」をどのように構想するのか。その決定権をもっているのは、主権者である私たちです。

おわりに──日本の水害対策は温暖化に耐えられない

　日本の政府は、2018年7月豪雨災害のあと、先に紹介したように、「地球温暖化にともなう気象状況の激化は、既存の防災施設や行政主導のソフト対策のみでは、災害を防ぐことができないことを明らかにした」といい、国民・住民に対して、「自らの命は自らが守る意識改革」を求めました。しかし、その西日本豪雨災害と2019年10月の台風19号災害を検証してみたところ、「既存の防災施設と行政主導のソフト対策」は、「地球温暖化以前の段階」にあることが明らかになりました。

　「既存の防災施設」の1つに、住民の命とくらしを守る、河川堤防があります。その河川堤防の防災水準は、国が管理する一級河川の利根川ですら、「200年に1回程度の大雨」を想定している段階にあります。ということは、利根川は、その想定を超える大雨が降ると、間違いなく洪水が堤防を越える河川なのです。しかも、堤防の整備率は、65.9％（2019年3月末現在）にとどまっています。

　都道府県が管理する二級河川の防災水準は、一級河川とくらべると、

はるかに低い水準にあります。それだけではありません。一級河川の場合は、国の指導にしたがって、都道府県が「想定最大規模の大雨」を前提とした洪水浸水想定区域図を作成しています。ところが、多くの二級河川では、予算と職員不足のため、都道府県は洪水浸水想定区域図を作成していないのです。市町村は、洪水浸水想定区域図を原図として、洪水ハザードマップを作成することになっています。だから、当然のことながら、多くの二級河川では洪水ハザードマップが作成されていないのです。

　「既存の防災施設」の1つに、土石流危険渓流に整備される砂防ダムがあります。その整備率は、「土石流対策先進県」の広島県でも、30％程度にとどまっています。全国には土石流危険渓流が約9万ヵ所もあります。そこの砂防ダム整備率は、約20％といわれています。このままだと、残りの約80％の土石流危険渓流では、「記録的な豪雨」のたびに、土石流が発生することになります。

　日本の「既存の防災施設と行政主導のソフト対策」は、いまのところ、その程度の水準にとどまっているのです。だから、「地球温暖化に伴う気象状況の激化」を計算に入れなくても、2018年7月の豪雨災害や2019年の台風19号災害と同じような大水害は、全国のいたるところでおこりうるのです。そこに、「地球温暖化に伴う気象状況の激化」が加わるようになったら、どのような大水害が続発するようになるのでしょうか。被害の激甚化は、避けられません。

　私たちは、自らの命と財産を守るためには、まずは、「行政主導の防災施設とソフト対策」の抜本的な強化を、国や自治体に求めていかなくてはなりません。そのような国や自治体をつくりあげていかなくてはなりません。そしてそれと並行して、「気象状況の激化」をもたらすことになる地球温暖化を、何としてでも食い止めなくてはならないのです。

Ⅲ　地球の温暖化で豪雨も猛暑も増える

岩渕　孝

はじめに

　いまの日本の水害対策では、地球の温暖化にともなう豪雨には、とても耐えられそうにないことが、はっきりしてきました。地球の温暖化は、いま、どこまできているのでしょうか。地球の温暖化がさらに進むと、日本と世界の自然は、どのようになるのでしょうか。そのような変化を、未然に防止することは、できないのでしょうか。そのためには、何を、どのようにすればいいのでしょうか。地球の温暖化とそのしくみを、自然科学と社会科学の両面から、さぐってまいりましょう。そして、地球温暖化問題解決の糸口を、さがしてまいりましょう。

1　地球の温暖化は「正体」を現したか？
（1）地球の温暖化を踏まえた水害対策を

　国土交通省の検討会は、2019年10月、『気候変動を踏まえた治水計画のあり方』という報告書を発表しました。「気候変動はすでに顕在化している。その影響は、気候変動にともなって、ますます強くなる。その結果、水害リスクも増大する。これまでの水害対策は、過去に発生した最大の豪雨を規準に、計画されてきた。しかし、これからは、地球の温暖化を踏まえた水害対策を進めていかなくてはならない」、「治水対策に

ついては、河川改修等のハード対策を充実させ、目標とする治水安全度の達成に向けて、整備を加速させなければならない」などというのです。

「正体」を現し始めた地球の温暖化は、東京都江戸川区の水害対策だけでなく、日本全体の水害対策にも大きな変更を迫っているようです。しかし、地球の温暖化は、どこまで「正体」を現しているのでしょうか。その実像の一端に、近づいてみることにしましょう。

（2）地球の温暖化で記録的な豪雨が増えている？

気象庁は、「平成30年7月豪雨」のあと、報道関係者に向かって、「今回の豪雨には、地球温暖化に伴う水蒸気量の増加の寄与もあったと考えられます」と発表しました。この報道発表は、「気象庁がはじめて、個別の異常気象について、地球温暖化の影響に言及した」と受け止められ、各方面に大きな衝撃をあたえました。

それでは、日本付近の水蒸気量は、どうして増加したのでしょうか。その大きな要因の一つと考えられているのが、日本近海における海面水温の上昇です。気象庁は、『気候変動監視レポート2019』のなかで、「日本近海における2019年までの100年間の海面水温の上昇率は、100年当たりで1.14℃となっている。100年当たりの上昇率が0.53℃である北太平洋全体よりも大きくなっている」と報告しています。海面水温が上昇すると、海上の水蒸気量が増加し、湿った気流が日本列島に流入しやすくなります。それが、「平成30年7月豪雨」の発生を促した、というのです。

しかし、気象庁の報道発表をていねいに読むと、「考えられます」と表現し、「である」とは断定してしません。どうしてでしょうか。実は、「地球温暖化と豪雨の相互関係」は、そう簡単には解明できないからなのです。

気象庁気象研究所の川瀬宏明氏は、ネット上に、「地球温暖化で変わりつつある日本の豪雨」という小論をのせています。そして、2018年の西日本豪雨と地球温暖化の相互関係を検証した上で、「1980年代以降の気温上昇が2018年7月豪雨におよぼした影響を調べたところ、期間総降

水量に対して６％程度増加させた可能性がある」という結論に到達しています。

　しかし、川瀬宏明氏は、「降水量は自然変動の影響を大きく受けるため、近年豪雨が多いからといって、必ずしもそれが地球温暖化の影響とは限らない」とも書いています。そして、その上で、地球温暖化と豪雨発生の相互関係を数値化したいと考えて、やっと「６％程度の寄与」という結論に到達したのです。しかも、「増加させた」とは断定せず、「増加させた可能性がある」という表現にとどめています。地球の温暖化というのは、地球規模の長期的な自然の変化です。そのような自然の変化と「平成30年７月豪雨」との相互関係については、慎重なアプローチが不可欠であると考えているのです。

（3）2019年の台風19号と地球の温暖化

　2019年10月にやってきた台風19号は、「強い勢力」を保ったまま日本に上陸し、東日本から北日本の各地に大きな被害をもたらしました。この台風は、日本に接近する前から、「狩野川台風級の台風」と警戒されていました。

　2019年の台風19号は、10月６日に鳥島近海で発生し、発生から39時間後には、中心気圧が915hPaまで深まり、猛烈な勢力のスーパー台風にまで発達しました。しかし、狩野川台風とくらべると、最盛期の中心気圧は38hPaも高く、「記録的なスーパー台風」にはならなかったのです。それでも、その後あまり衰えることなく、伊豆半島に上陸したときの中心気圧は、955hPaを保っていました。その後も勢力を維持したまま、関東地方から東北地方を通過し、東日本の各地に、記録的な大雨をもたらしました。

　このため気象庁は、2019年10月24日、「令和元年台風第19号とそれに伴う大雨などの特徴・要因について」という報道発表をおこないました。そして、記録的な大雨の主な要因について、「大型で非常に強い勢力をもった台風の接近による多量の水蒸気の流れ込み」、「局地的な前線の強

化と地形の効果などによる持続的な上昇気流の形成」、「台風中心付近の雨雲の通過」の三つをあげました。

　気象庁は、「平成30年7月豪雨」については、「地球温暖化に伴う水蒸気量の増加」を指摘していました。しかし、2019年10月の台風19号については、「地球温暖化の影響」については、まったく言及しなかったのです。

（4）地球の温暖化で強い台風が？

　地球温暖化というのは、地球規模の長期的な変化です。だから、地球温暖化と個別の気象現象との相互関係は、そう簡単には説明できないのです。その解明には、沈着冷静な科学的検証が、必要不可欠なのです。

　気象庁気象研究所にいた鬼頭昭雄氏は、『世界』（2019年12月号）に「激発する極端気候」という小論を掲載し、「気象庁の台風統計資料は1951年以降である。台風の年間発生数平均値は25.6個である。年によって変動が大きく、1951〜2018年の間では最小が14個、最多が39個となっている。上陸数も年によって変動が大きく、どちらにも長期変化傾向は見られない。また、"強い"以上の勢力となった台風の数にも変化傾向は見られない。しかし、より以前の記録では、室戸台風（1934年）、枕崎台風（1945年）、第二室戸台風（1961年）、伊勢湾台風（1959年）といった上陸時点で930ヘクトパスカル未満の観測値が残されている。なぜ20世紀前半に日本に上陸したような強い台風がその後上陸していないかについての理由はわかっていない」（99〜100頁）と書いています。

　確かに、1934年9月21日に室戸岬に上陸した室戸台風は、上陸地点で911.6hPaの気圧を記録しました。室戸測候所の風速計は、60m/秒の10分間平均風速を観測したあと、故障のために観測不能になりました。1959年9月26日に潮岬に上陸した伊勢湾台風は、上陸地点で929hPaの気圧を記録しました。1961年9月16日に室戸岬に上陸した第二室戸台風は、上陸地点で925hPaの気圧を記録しました。室戸測候所の風速計は、66.7m/秒の10分間平均風速を観測したあと、故障のために観測不能に

なりました。

　伊勢湾台風と第二室戸台風は、太平洋上で、900hPa未満の気圧を記録していました。日本に大きな被害をもたらした台風のうち、太平洋上で885hPa未満の中心気圧を記録した台風は、1951年から2010年までの間に12個を数えました。室戸台風も、太平洋上では、中心気圧が900hPaを大きく下回っていたものと考えられます。しかし、そのようなスーパー台風は、2011年以降は観測されていません。先に紹介したように、鬼頭昭雄氏は、「その理由はわかっていない」というのです。

　国立環境研究所の塩釜秀夫氏は、『IPCC第5次評価報告書のポイントを読む』（国立環境研究所　2015年1月）のなかに「この異常気象は地球温暖化が原因？」（12頁）というコラムを掲載して、「一般的に、地球温暖化は異常気象の頻度を変える可能性があることが知られています。一方で、個別の極端な気象現象が地球温暖化によるものか、を判断することは困難です」と書いています。また、「これまでの研究により、極端な現象のなかでも、地球温暖化の進行によってリスクの高まる可能性が高く、既にその傾向が認められているものと、まだ関係性がはっきりしないものがあることがわかっています」とした上で、「大雨や干ばつ、熱帯低気圧の発生頻度の変化についてはまだよく分かっていません」と続けています。

　地球の温暖化と豪雨や台風との相関関係については、まだ、わかっていないことがかなり残されているようです。しかし、山岳氷河と北極海の海氷については、地球温暖化との相互関係が、かなりきっきりと見えてきているようです。

（5）山岳地帯の氷河が消失しつつある

　2019年9月22日、スイスのアルプス山脈で、「氷河の消失を悼む葬送行進」がおこなわれました。その舞台になったのは、スイス東部、リヒテンシュタインとオーストリアとの国境近くにあるピツォル山であり、ここの氷河は、2006年以降だけでも80〜90％が消失してしまいました。

　氷河の消失はアルプス山脈全体でみられます。世界氷河モニタリングサービスによると、アルプス山脈の氷河のうち、スイス領では110ヵ所のうち103ヵ所、オーストリアでは99ヵ所のうち95ヵ所、イタリア領では69ヵ所のすべて、フランス領では6ヵ所のすべてで氷河が消失しています。

　氷河の消失は「氷河の後退」でもあります。アルプス山脈最大のアレッチ氷河は、約40年間で1300mほど後退し、厚さも200mほど減りました。1870年とくらべると、フランス領にあるモンブラン氷河も1400mほど、グランメール氷河も1000mほど後退しました。

　氷河の消失はヒマラヤ山脈でもみられます。信州大学助教の朝日克彦氏は、ネパール・ヒマラヤ山脈を舞台に、氷雪圏の変化を実証的に研究しています。そして、「ネパール・ヒマラヤ山脈で、9つの小型の氷河の変化を1970年から精密に測量で調べたところ、すべての氷河で氷河の末端位置が後退し、縮小していることがわかった」と報告しています。また、空中写真を使ってネパール東部の1200を越える氷河について、1958年から1992年の間の変化を調べた上で、「約6割の氷河は後退、3割の氷河は変化なし、1割の氷河は前進だった」と報告しています。

（6）北極海の海氷が減少しつつある

　北極海は、ユーラシア大陸と北アメリカ大陸にかこまれた海域であり、約1400万㎢の広さをもっています。しかし、高緯度に位置しているため、冬になると大部分が海氷におおわれ、海水面はほとんどみられなくなります。2020年3月28日現在、海氷におおわれた面積は約1356万㎢に達し、北極海の全面積の96.5％を占めていました。

　北極海の海氷面積は、3月に最大となり、9月に最少になります。そして、2019年9月17日には、その面積が396万㎢まで縮小しました。この数値は、2012年9月の記録につぐ、観測史上第2位の記録でした。北極海では70％以上の海域から海氷が消え、そこに、大海原が広がることになったのです。

　北極海の海氷面積は、例年、9月に最小値を記録します。その最小値

は、1980年代までは、700万km前後の数値を維持していました。海域の半分くらいには、海氷が浮いていたことになります。それが、2010年以降、500万km²を下回るようになりました。北極海の2/3近くの海域では、夏になると、海氷がみられなくなったのです。それだけでなく、海氷の薄氷化が進んでいるため、2019年の海氷の体積は、2012年よりも小さくなりました。その原因について、国立極地研究所は、「海洋表層付近の水温の上昇」を指摘しています。

　しかし、「海洋表層付近の水温の上昇」は、北極海だけなく、全世界の海洋でおこっているのです。

　国連の公的機関の一つに、IPCC（気候変動に関する政府間パネル）という組織があります。そのIPCCは、『第5次評価報告書』の中で、「世界規模で、海洋の温暖化は海面付近で最も大きく、1971年から2010年の期間において海面から水深75mの層は10年当たり0.11℃昇温した」と報告しています。

　その報告書は、北極海の海氷面積については、「1979年から2012年の期間にわたって減少し、その減少率は10年当たり3.5〜4.1％の範囲にある可能性が非常に高く、夏季の海氷面積の最小値の減少率については10年当たり9.4〜13.6％の範囲にある可能性が非常に高い」と報告しています。そして、「地球温暖化を抑制しないでいると、最悪の場合、今世紀半ばまでに9月の北極海で海氷がほとんど存在しない状態となる可能性が高い」と警告しています。

　地球の温暖化は、「海氷面積の減少」だけでなく、「山岳氷河の消失」にも、その「正体」を現しつつあります。地球の温暖化がさらに進むと、日本の豪雨や台風は、どのように、「正体」を現すようになるのでしょうか。

　IPCCは、「気候変動に関する国際的な専門機関」であり、気候変動に関する科学的な研究の成果を集め、科学的知見の到達点を全世界に報告する機関です。その報告書は、日本の豪雨や台風についても、どのようなヒントを示してくれているのでしょうか。

2　世界は IPCC の報告書とともに

（1）「地球寒冷化」説から「地球温暖化」説へ

　日本の気象庁は、地球の温暖化を大前提として、1996年以降毎年、『気候変動監視レポート』を発表しています。しかし、気象庁が1974年に発表した第１回の『異常気象レポート』は、「当分は寒冷化傾向が続く」と指摘していました。「地球の寒冷化傾向」は、1979年に発表された第２回の『異常気象レポート』でも指摘されていました。その頃は、『氷河期に向かう地球』（根本順吉　風濤社　1973年）などの啓蒙書が、地球の寒冷化への不安を、しきりとあおりたてていました。

　改めてふりかえってみると、確かに、世界の平均地上気温は、1940年頃から低下するようになり、それから1970年代にかけては低温期が続いていました。

　しかし、世界の平均地上気温は、1980年代に入ると一転して上昇するようになり、その後、これまでにない高温期を迎えるようになりました。地球の気候は、これから、どうなるのか。そのような不安にこたえるため、世界気象機関（WMO）と国連環境計画（UNEP）は、1988年に「気候変動に関する政府間パネル（IPCC）」をたちあげ、国連総会において国連の公的機関の一つとして認められました。

　IPCCは、1990年、「人為的な温室効果ガスの増加によって、今後、世界の地上気温は大きく上昇する」とする第１次評価報告書を発表しました。その報告書を受けて、国連総会は、1992年に「気候変動枠組条約」を採択しました。

　IPCCは、1995年、「温室効果ガスの大幅な削減は不可欠」とする第２次評価報告書を発表しました。その報告書を受けて、気候変動枠組条約に参加した締約国は、1997年の第３回締約国会議において、先進国に温室効果ガスの削減を義務づけた「京都議定書」を採択しました。

　しかし、その後、発展途上国の温室効果ガスの排出量も急速に増えてきました。そのことを踏まえて、2013年から14年に公表されたIPCC第

５次評価報告書は、「地球温暖化については、もはや疑う余地はない。全世界で温室効果ガスの削減が求められている」と報告しました。それを受けて、第21回締約国会議は、2015年、全ての国に削減目標の提出を義務づけた「パリ協定」を採択しました。現代世界は、IPCCの科学的知見に全幅の信頼をよせ、温室効果ガスの削減に向かって動き出しているのです。

　ところが、世界第２位の温室効果ガス排出国だったアメリカで、2016年に「パリ協定はアメリカの国益を損なう」と公言するトランプ大統領が誕生し、2017年にはパリ協定から離脱する意向を一方的に表明することになったのです。

（２）地球温暖化は「でっち上げ」だ？

　アメリカのトランプ政権は、2019年11月４日、「パリ協定は中国が温室効果ガスの排出を増やすことを許している。アメリカにとって、とても不公平だ」と主張し、パリ協定からの離脱を国連に正式に通告しました。

　トランプ大統領は、大統領に就任する前から、「地球温暖化はフェイク（でっち上げ）だ」と主張し、パリ協定からの離脱を訴えていました。そして、2019年11月４日、パリ協定からの離脱を国連に通告しました。2019年１月、アメリカの中西部と北西部は、激しい寒波に見舞われました。そのとき、トランプ大統領は、「温暖化は一体どうなっているんだ？」とツイートしました。トランプ大統領は、どうして、地球温暖化説を否定するのでしょうか。

　元読売新聞アメリカ総局長の斎藤彰氏は、「2016年の大統領選挙で、トランプ候補に大口献金したトップ10社のうち、１位と２位は、マレー・エナジー社、アライアンス・コール社であり、いずれも石炭採掘会社だった」と伝えています。

　アメリカには、トランプ大統領の主張を擁護する、地球温暖化懐疑論者がいます。そのうちの一人、マーク・モラノが書いた『「地球温暖

化」の不都合な真実』（渡辺正訳　日本評論社）が、2019年に日本でも出版されました。

　この「地球温暖化懐疑」本は、「CO₂がいまの10倍も濃かったころ、地球を氷河期が何回も見舞っている」、「氷床コアのデータは、気温上昇がCO₂を増加させたことを裏づけている」、「地球の気温は、1998年ごろから20年以上、ほぼ横ばいのまま推移している」、「過去140年以上、米国に上陸する大型ハリケーンの数は減少している」、「世界全体で干ばつや洪水は増えた形跡はまったくない」、「温暖化政策は、安い電力を貧困国の人々に使わせない」などと書いています。

　そのような地球温暖化懐疑論に対して、東北大学教授の明日香壽川氏は、朝日新聞社の言論サイトの『論座』（2019年8月23日）に登場し、「IPCCのコンセンサスに反論する人々は存在する。しかし、そのなかで気候変動を専門とする研究者の数は極めて少ない。それらの反論が事実と異なることは、気候変動を専門とする研究者たちによって、逐一説明されている。渡辺氏（筆者註・前掲の地球温暖化懐疑本の訳者）は化学者、マーク・モラノは国際政治ジャーナリストである。彼らが検証しないまま、右から左に流している懐疑論は、10年、あるいは20年も前に論破されている」と書いています。

　「地球温暖化懐疑」本は、これまでもたびたび、出版されてきました。そのなかで、それなりの「説得力」をもっていたと思われるのが、ビョルン・ロンボルグ氏が書き、山形浩生氏が翻訳した『地球と一緒に頭も冷やせ！地球温暖化問題を問い直す』（ソフトバンク・クリエイティブ2008年）でした。それを改めて読み直してみると、マーク・モラノの「反論」のほとんどが、その本のなかにあげられていました。

　地球温暖化懐疑本は、「気候変動を専門とする研究者」からの反論にもかかわらず、装いを新たにしながら、くりかえし出版されてきたのです。このため、「気候変動を専門とする研究者」の一人の江守正多氏は、「YAHOOニュース」（2015年12月2日）に登場し、「いまさら温暖化論争？　温暖化はウソだと思っている方へ」と題する小論を掲載せざるを

えなくなりました。

　そしてそのなかで、たとえば、「IPCCは、過去の自然的な気候変動を無視している」という批判に対しては、「過去の気候についてのデータには不確実性が大きいが、数百年スケールの変動と火山噴火でおおむね説明できる一方で、20世紀の温暖化は人間活動の影響を入れないと説明できない。したがって、現在の温暖化が過去の自然変動の延長ではないか、という素朴な疑問に対しては、根拠をもって否ということができる」と反論していました。

　また、「気温が原因で二酸化炭素が結果ではないか」という疑問に対しては、「気温上昇によってCO_2濃度が増加するのは陸上生態系の応答によると考えられ、これは温暖化の予測に用いる気候モデルでも再現できる。このことと、人間活動によるCO_2濃度の増加で長期的に気温が上昇することは両立する事柄であり、現在の温暖化の科学で問題なく説明できる」反論しています。

（3）IPCC 報告書はどのように作成されるか

　現代世界の国々は、アメリカのトランプ政権を除くと、IPCC評価報告書に全幅の信頼を寄せて、地球温暖化を阻止しようと動きだしています。しかし、IPCC報告書は、「信頼に値する科学的知見」になっているのでしょうか。

　前掲の『「地球温暖化」の不都合な真実』は、「IPCC報告書を実質的に書く科学者は、第5次報告書でも66名にとどまった」（43頁）と書いて、「報告書は一部の科学者が仕上げたもの」と批判しています。IPCC報告書は、具体的には、どのように作成されているのでしょうか。

　国立環境研究所主任研究員の髙橋潔氏は、IPCC第4次・第5次評価報告書の代表執筆者を務めた経験を踏まえて、『ココが知りたい地球温暖化』（成山堂、2009年）のなかで、評価報告書の作成過程について、くわしい説明をおこなっています。

　髙橋潔氏は、まずは、報告書の執筆者がどのように選ばれるかについ

て、「第４次報告書については、150を超す国々からの約500人の主執筆者によって草稿が作成された。その執筆者は、各国政府や国際機関が提出した履歴書に基づいて、30人の議長団が選出する」と説明しています。

　それでは、その執筆者たちは、どのように草稿を作成するのでしょうか。同氏は、「学術雑誌に掲載されている査読（専門家による検証）がおこなわれた論文のうち、科学的な根拠があると認められたものを選んで、それらを総合して草稿を作成する」と説明しています。そして、「科学的根拠について対立見解がある場合は、それぞれの見解を紹介し、どちらかに断定できないことを示している。だから、必要に応じて、不確実性の幅や見解の一致度についても紹介している」とつけくわえています。

　それでは、その草稿は、どのようにして最終原稿になるのでしょうか。「草稿は、数百人の専門家集団によって、その科学性が厳しく審査される。複数回の審査を経てまとめられた最終草稿は、さらに政府と専門家の審査を受けて、最終原稿になる」というのです。その最終原稿は、「本文各章」、「政策決定者向け要約」、「技術要約」に大きく分かれているが、「政策決定者向け要約」については、「IPCC総会の場で参加国の代表等によって審議され、必要な修正・加筆が加えられたものが、１行ずつ全会一致で承認される」とのことです。

　確かに、環境省が公表している『IPCC1.5℃特別報告書』を見ると、「IPCCの報告書における可能性・信頼度の表現」という項目があり、そこには「ほぼ確実」、「可能性がきわめて高い」、「可能性が極めて低い」、「ほぼありえない」とか「見解一致度は高い、証拠は確実」、「見解一致度は低い、証拠は限定的」などといった「表現」の一覧表が、きちんと掲げられています。

　IPCC評価報告書は、「一部の地球温暖化論者の特殊な見解」などではなく、地球規模の民主主義を土台にした、「現段階における科学的知見の集大成」なのです。だから、トランプ政権を除く現代世界は、そのIPCC評価報告書を大前提として、地球温暖化問題の解決を懸命にめざしているのです。

3　地球の温暖化はすでに始まっている

（1）「確信度」を高めてきた IPCC 評価報告書

　スウェーデンの若者、グレタ・トゥーンベリさんは、全世界に向かって、早急な地球温暖化対策への取り組みを、厳しく求めています。彼女は、演説のたびに、「科学者の声に耳を傾けてください」、「私たちは科学のもとに団結しています」と語っています。また、「30年以上にわたり、科学が示す事実は極めて明確でした。それなのに、あなた方は、事実から目をそむけ続けてきました」と批判してきました。

　グレタさんがいう「科学」というのは、IPCC評価報告書を指し、「科学者」というのはIPCCに結集している科学者達を指しています。そして、そのIPCCは、「30年前」の1990年に、第1次評価報告書を発表しました。グレタさんは、世界に向かって、「IPCCがまとめてくれた科学的知見を共有して、いますぐ有効な地球温暖化対策を」と訴えているのです。そのIPCC報告書は、回を重ねるにしたがって、「確信度」を高めてきました。そのことを、報告書の表現の変化に注目して、確かめてみましょう。

　1990年に発表された第1次評価報告書は、「人為起源の温室効果ガスがこのまま大気中に排出され続ければ、生態系や人類に重大な影響をおよぼす気候変化が生じるおそれがある」と警告していました。しかし、その一方で、「IPCCの気候変化に関する知見は十分とは言えず、気候変化の時期、規模、地域パターンを中心としたその予測には多くの不確実性がある」、「温室効果が強められていることを観測により検出することは、向こう10年間内外ではできそうもない」とつけくわえていました。

　ところが、1995年に発表された第2次評価報告書になると、「人間活動の影響による地球温暖化がすでに起こりつつあることが確認された」、「気候変化は多数の重要な点に関し、すでに取り返しのつかない状況にあるといえる」と断言するところまできました。

　さらに、2001年に発表された第3次評価報告書になると、「過去50年

間に観測された温暖化のほとんどが人間活動によるものであるという、新たな、かつより強力な証拠が得られた」、「予測された気温上昇率は少なくとも過去1万年の間にも観測されたことがないほどの大きさである可能性が高い」と報告するまでになりました。そして、2007年に発表された第4次評価報告書では、「気候システムに起こっている温暖化には疑う余地がない。その原因になっているのは、人為起源の温室効果ガスである可能性が非常に高い（発生確率90％以上）」と断定するところまできました。その「人為起源の温室効果ガス寄与」については、2013年から2014年にかけて発表された第5次評価報告書になると、「人間の影響の可能性が極めて高い（発生確率95％以上）」までグレードアップしました。

IPCC第5次報告書は、「地球温暖化には疑う余地はない。地球温暖化の主な要因は人為起源の温室効果ガスの排出で

地球の気温はどのくらい上がったの？
世界の地上気温の経年変化（年平均）

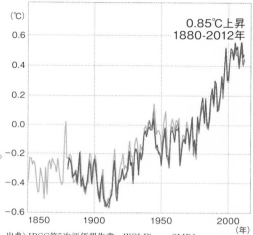

出典）IPCC第5次評価報告書　WGI Figure SMP.1
※偏差の基準は1961-1990年平均
　（縦軸は1961-1990年平均を0℃とする）
資料出所：全国地球温暖化防止活動推進センター

地球の気温はこれからどうなるの？
700年から2100年までの気温変化（観測と予測）

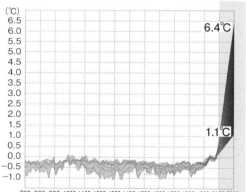

出典）IPCC第4次評価報告書2007
※2000年までの過去の観測部分は北半球でのデータ
　1931〜1990年の平均値を0.0℃
　　太線は計測機器によるデータ
　　細線は複数の気候代替データを元に復元した12の研究データ
※2000年以降の予測部分は全球における予測データ
　1980〜1999年の平均値を0.0℃とする
資料出所：全国地球温暖化防止活動推進センター

ある」と断定して、「いますぐ、人為起源の温室効果ガスの排出を、抑制しよう」と訴えているのです。

　しかし、地球温暖化は現在、どこまで「正体」を現しているのでしょうか。その根源的な要因は、本当に、「人為起源の温室効果ガス」にあるのでしょうか。

（2）世界と日本の気温はどのように変わったか

　地球の温暖化は、大気の上層から海洋の深部までの、さまざまな自然現象に現れます。そのなかでも、最もよく知られており、気候変動の目印になっているのが、世界平均地上気温です。

　IPCC第5次評価報告書は、その世界平均地上気温について、「陸域と海域を合わせた世界平均の地上気温は、1880年から2012年までの間に、0.85〜1.06℃上昇している」と報告しています。

　2015年に採択された「パリ協定」では、「世界の平均気温の上昇を、工業化以前とくらべて、2℃より十分低く保つとともに、1.5℃におさえる努力を追求する」という長期目標が採択されました。ところが、世界の平均地上気温は、すでに「工業化以前とくらべて約1℃上昇している」というのです。

　IPCC第5次報告書は、「世界の10年間平均の気温」についても、「この地球の10年間平均の気温を、1850年以降についてくらべてみると、最近の30年間の10年間平均の気温は、どの期間の平均気温よりも高温であり続けた」と報告しています。気温は年による変動がかなり大きくなります。しかし、10年間の平均気温を計算すると、その期間の「平均的状態」が浮かび上がってきます。「最近の30年間の世界平均地上気温は、1850年以降、これまでにない高温期になっている」というのです。

　しかし、世界平均地上気温の上昇には、「停滞期（ハイエイタス）」がありました。21世紀に入ってからの気温上昇率は、10年当たり0.03℃と、ほぼ横ばいの状態を続けていました。地球温暖化懐疑者は、ここぞとばかり、「地球温暖化説は間違っていた」とさわぎたてました。しかし、

「停滞期」は間もなく終わり、世界平均地上気温は、これまでにない勢いで上昇するようになりました。

　日本の気象庁が発表している『気候変動監視レポート2019』は、「2019年の世界の年平均気温の基準値（1981～2010年の平均値）からの偏差値は＋0.43℃で、統計を開始した1891年以降では２番目となった。この結果、最近の2014年から2019年までの値が、６番目までを占めることになった」と報告しています。

　それでは、日本の地上平均気温は、どのように変化してきたのでしょうか。前掲の『気候変動監視レポート2019』は、「日本の気温の変化傾向を見るためには、都市化の影響が比較的小さい観測地点を選ばなくてはならない」としたうえで、網走、石垣島などの15観測地点を選んで、1898年から2018年について、年平均気温からの偏差値を計算しました。

　それによると、2019年の日本の地上平均気温の偏差値は＋0.92℃となり、統計を開始した1898年以降では最も高い値になったとのことです。そして、「日本の年平均気温は、様々な変動を繰り返しながら上昇しており、上昇率は100年あたり1.24℃である。日本の気温が顕著な高温を記録した年は、1990年代以降に集中している」と報告しています。

　1880から2012年までの世界平均地上気温の上昇率は、0.85～1.06℃でした。それとくらべると、日本の地上平均気温の上昇率は、かなり高いことになります。

（3）世界と日本の降水量はどのように変わったか

　世界の降水量は、気温とくらべると、観測データが限られています。前掲の『気候変動監視レポート2019』は、「世界全体の降水量の長期変化傾向を算出するには、地球表面の約７割を占める海上における降水量を含める必要があるが、本レポートにおける降水量は陸域の観測値を用いており、また統計期間初期は観測データ数が少なく相対的に誤差幅が大きいことから、変化傾向は求めていない」（36頁）と書いています。このため、IPCC第5次報告書は、「1901年以降の世界の陸域における平

均した降水量の変化については、1951年までは確信度は低く、それ以降は中程度である」と説明しています。

しかし、北半球の中緯度の陸域については、観測データがある程度はそろっているので、「北半球の中緯度の陸域平均では、1901年以降、降水量が増加している（1951年までは中程度の確信度、それ以降は高い確信度）」と報告しています。「北半球の中緯度の陸域」というと、日本もその領域に入ります。その日本の年降水量は、どのように変化してきたのでしょうか。

前掲の『気候変動監視レポート2019』は、日本の降水量については、「日本の年降水量には長期変化傾向は見られないが、統計開始から1920年代半ばまでと、1950年代に多雨期がみられ、1970年代から2000年代までは、年ごとの変動が比較的大きかった」と報告しています。日本は「北半球の中緯度の陸域」に位置していますが、いまのところ、年降水量の増加傾向は、はっきりとは現れていないようです。

（4）世界と日本の海洋はどのように変わったか

温暖化によって地球に蓄積されたエネルギーは、世界と日本の海洋も温暖化させてきました。

IPCC第5次評価報告書は、「1971年から2010年の間に地球に蓄積されたエネルギーの90％以上は海洋に蓄積された（高い確信度）」と報告しています。それだけでなく、「1971年から2010年の間に地球に蓄積されたエネルギーの60％以上は海洋の表層（0〜700m）に蓄積されたが、深層（700m以深）も30％以上が蓄積された」とも報告しています。

地球の表面積の約71％を占める海洋は、大気とくらべて熱容量が大きいこともあって、地球に蓄積されたエネルギーの90％以上を受け止めてきたのです。

このため、当然のことながら、海洋の水温も上昇しました。IPCC第5次報告書は、「1971年から2010年の間に、世界の海洋表層で水温が上昇したことはほぼ確実である」と報告しています。それだけでなく、

「1992年から2005年の間で、3000mから海底までの深層で、海洋が温暖化した可能性が高く、最も大きな温暖化は南極海で観測されている」とも報告しています。

　それでは、世界と日本の海面水温は、どのくらい上昇しているのでしょうか。前掲の『気候変動監視レポート2019』は、「世界全体の平均海面水温は長期的に上昇しており、上昇率は100年あたり＋0.55℃である」と報告しています。また、日本近海の海面水温については、「日本近海における、2019年までのおよそ100年間にわたる平均海面水温の上昇率は、＋1.14℃/100年となっており、北太平洋全体で平均した海面水温の上昇率（＋0.53℃/100年）よりも大きく、日本の気温の上昇率と同程度となっている」と報告しています。

　海水に熱が蓄積すると、熱膨張によって、海面水位が上昇します。海面水位の上昇は、陸域の氷雪の融解によっても生じます。IPCC海洋・氷雪圏特別報告書（IPPC、2019）によると、「グリーンランド及び南極の氷床から氷が減少する速度の増大（確信度が非常に高い）、氷河の質量の減少及び海洋の熱膨張の継続により、世界平均の海面水位は最近の数十年加速化して上昇している。2006〜2015年の期間の世界平均の海面水位の上昇率である1年あたり3.6mmは、直近の100年で例がなく（確信度が高い）、1901〜1990年の期間の上昇率の約2.5倍であることが示されている」と報告しています。世界の海面水位上昇率は、年を追うごとに、高くなっているようです。

　それでは、日本沿岸の海面水位は、どのように変化してきたでしょうか。前掲の『気候変動監視レポート2019』は、「日本沿岸の海面水位は、1906〜2019年の期間では上昇傾向は見られないものの、1980年代以降、上昇傾向が見られる。近年だけで見ると、日本沿岸の海面水位の上昇率は、世界平均の海面水位の上昇率と同程度になっている」と報告しています。「日本沿岸でも、1年あたり3.6mm程度の割合で、海面水位が上昇している」というのです。

　そして最後に、「日本沿岸の海面水位は、地球温暖化のほか海洋の十

年規模の変動など様々な要因で変動しているため、地球温暖化の影響が
どの程度現れているのかは明らかではない」と指摘した上で、「地球温
暖化に伴う海面水位の上昇を検出するためには、引き続き監視が必要で
ある」とつけくわえています。

（5）世界と日本の氷雪はどのように変わったか

　地球が温暖化すると、当然のことながら、世界と日本の氷雪が少なく
なります。その変化は、現在、どこまできているのでしょうか。

　IPCC第5次報告書は、「過去20年にわたり、グリーンランド及び南極
の氷床の質量は減少しており、氷河はほぼ世界中で縮小し続けている
（高い確信度）」と報告しています。

　ところで、氷床と氷河には、どのような違いがあるのでしょうか。実
は、氷河には、「広義の氷河」と「狭義の氷河」があります。陸上に積
もった雪は、やがて、氷になって流れ出します。そのような氷は、「広
義の氷河」です。そのうち、ヒマラヤ山脈やアルプス山脈の谷を埋めて
る氷河が、「狭義の氷河」であり、「山岳氷河」とも呼ばれています。そ
れに対して、平坦な陸地に大きく広がる氷河は氷床と呼ばれ、南極大陸
やグリーンランドに広がっています。「広義の氷河」には、山岳氷河と
氷床があるのです。この第5次報告書は、そのうちの山岳氷河を、「氷
河」と呼んでいるのです。

　地球の温暖化は、北半球の積雪も減少させています。IPCC第5次報
告書は、「北極域の海氷及び北半球の春季の積雪面積は、減少し続けて
いる（高い確信度）」と報告しています。

　それでは、日本の積雪量は、どのように変化してきたのでしょうか。
前掲の『気候変動監視レポート2019』は、「2019年の年最深積雪の基準
値に対する比は、北日本日本海側で79％、東日本日本海側で36％、西日
本日本海側で13％であった。年最深積雪の基準値に対する比は、各地域
も減少傾向が見られ、10年あたりの減少率は北日本日本海側で3.2％、
東日本日本海側で11.4％、西日本日本海側で13.5％である」と報告して

います。

　ただし、日本の気象庁は慎重姿勢を崩しておらず、「年最深積雪は年ごとの変動が大きく、それに対して統計期間は比較的短いことから、長期変化傾向を確実に捉えるためには、今後のデータの蓄積が必要である」（同上）とつけくわえています。

　確かに、2014年2月、西日本と東日本は記録的な大雪にみまわれ、甲府市では114cm、前橋市では73cmという記録破りの積雪量を観測しました。「想像を絶する大雪」は、気象研究者を動転させました。地球が温暖化しつつあるのに、どうして、このような大雪が降ったのか。気象庁気象研究所の川瀬宏明氏は、『異常気象と気候変動について〜わかっていることいないこと』（ベレ出版、2014年）のなかなかで、「日本の東で発生した"ブロッキング高気圧"と呼ばれる大気の現象が原因の一つであるといわれています」と書いています。ブロッキング高気圧というのは、「偏西風の蛇行によって生まれる高気圧」であり、動きがおそい性質をもっています。その高気圧が、大雪をもたらした南岸低気圧の動きをおさえ、長時間にわたる降雪をもたらした、というのです。そして、新聞紙上には、「地球の温暖化が、ブロッキング高気圧の発達を促した」と語る研究者も登場しました。

（6）世界の極端現象はどのように変わったか

　2018年7月の西日本豪雨のさいには、九州から東海地方の各地で、1974年に始まった観測史上で第1位の降水量が記録されました。2019年10月の台風19号のさいには、関東・甲信越地方から東北地方にかけて、同じく観測史上第1位の降水量が記録されました。

　「観測史上第1位の降水量」は、毎年のようには発生しません。そのような「常とは異なる気象」は、「異常気象」と呼ばれています。それでは、どのくらい「異常」になると、異常気象と呼ばれるようになるのでしょうか。気象庁は、原則として、「30年に1回以下の気象現象」を異常気象と呼ぶことにしています。それに対して、IPCCは、気象庁の

ような「数値的な枠組み」を設けず、毎年のように起こる現象を含めて、「まれにしか起こらない現象のすべて」を「極端現象」と呼んでいます。IPCCは、そのような極端現象について、どのような科学的な知見を報告しているのでしょうか。

　IPCC第5次報告書には、「極端現象の変化」という項目があります。そこを読むと、気温の変化については、「1951〜2010年の間に、地球規模で寒い日や寒い夜の日数が減少し、暑い日や暑い夜の日数が増加した可能性が非常に高い」、「20世紀半ば以降、熱波を含む継続的な高温の持続期間と頻度が地球全体で増加したことについては中程度の確信度しかないが、ヨーロッパ、アジア、オーストラリアの大部分で熱波の頻度が増加した可能性は高い」と書かれています。

　また、降水量の変化については、「1950年以降、陸域での強い降水現象の回数が増加している地域のほうが、減少している地域よりも多い可能性が高い」と書かれています。しかし、気温とくらべると、降水量のほうは、観測データが不足しているため、慎重な表現が目立ちます。

　オーストラリアでは、2019年8月からの森林火災で、延焼面積が日本の国土面積の約6割に達しました。オーストラリア気象局によると、特に被害が大きかったニューサウスウェールズ州では、2017年からの3年間の降水量が1900年の観測開始以降で最少だったとのことです。異常な少雨による乾燥が森林火災の延焼を促した、とも報道されました。この異常な少雨は、明らかに、極端現象の1つです。温暖化にともなって、そのような極端現象が、地球規模で頻発するようになったのでしょうか。

　IPCC第5次報告書は、降雨に関する極端現象については、「地球規模で観測されている干ばつ又は乾燥（降雨不足）の変化傾向に関しては、直接観測の不足などから、確信度は低い。ただし、1950年以降、干ばつの頻度と強度は地中海と西アフリカで増大した可能性が高く、北アメリカ中央部とオーストラリア北西部で減少した可能性が高い」と報告しています。

　ニューサウスウェールズ州は、「オーストラリア北西部」ではなく、

オーストラリアの南東部に位置し、2017年からの３年間、記録的な異常少雨に見舞われたようです。しかし、朝日新聞（2020年２月10日付）によると、オーストラリア気象局は「地球温暖化は、森林火災が起きやすい気象条件の主要な原因にはならなかったが、部分的な原因にはなった可能性はある」との慎重な見解を発表していたとのことです。

　それでは、極端現象の一つである熱帯低気圧については、どのような変化が起こっているのでしょうか。IPCC第５次報告書は、「熱帯低気圧活動度の長期的（100年規模）変化は、観測能力の過去の変化を考慮すれば、引き続き確信度は低い」としながらも、「北大西洋の熱帯低気圧については、頻度と強度が増加していることは、ほぼ確実である」とも報告しています。

　極端現象といえば、このところ、激しい暴風雨や激しい雷雨など伝える映像が増えているように思われます。IPCC第５次報告書は、そのような極端現象のうち「激しい風雨」については、「データ不足のため、過去１世紀の間の大規模な変化傾向については確信度は低い」と結論づけています。また、ひょうや雷雨などの小規模で激しい気象現象についても、「変化傾向が存在するかどうかを決定づけるための証拠は不十分である」と結論づけています。

　このように見てくると、気温については、極端現象がはっきりと現れてきているようです。しかし、降水量などについては、データ不足もあって、はっきりとした長期的な傾向は、まだ現れていないようです。

（7）日本の極端現象はどのように変わったか

　日本の気象庁は、1996年から毎年、『気候変動監視レポート』を発表してきました。そして、2020年７月には、『気候変動監視レポート2019』を発表しました。

　その『気候変動監視レポート2019』は、最高気温については、「統計期間（1910～2019年）における日最高気温が30℃以上（真夏日）及び35℃以上（猛暑日）の日数は、ともに増加している（それぞれ信頼度水準

99％)。特に猛暑日の日数は、1990年代半ばを境に大きく増加している」と報告しています。また、最低気温については、「統計期間（1910〜2019年）における日最低気温が0℃未満（冬日）の日数は減少し、日最低気温が25℃以上（熱帯夜）の日数は増加している」と報告しています。

　それでは、降水量は、どのように変化してきたのでしょうか。前掲の『気候変動監視レポート2019』は、「日降水量100㎜以上及び200㎜以上の日数は、1901〜2019年の119年間でともに増加している（それぞれ信頼度水準99％）」と報告しています。

　気象庁は、1974年から地域気象観測所（アメダス）を設置して、降水量の観測をおこなってきました。そして、そのデータによると、「観測以来、1時間降水量50㎜以上及び80㎜以上の短時間強雨の年間発生回数はともに増加している。1時間降水量50㎜以上の短時間強雨について1976〜1985年平均と2009〜2019年平均をくらべると、約1.4倍になっている。また、日降水量200㎜以上だけでなく、日降水量400㎜以上の年間日数にも増加傾向が現れている」とのことです。

　しかし、気象庁は、降水量については、慎重姿勢を崩していません。「大雨や短時間強雨の発生回数は年々の変動が大きく、それに対してアメダスの観測期間は比較的短いことから、長期変化傾向を確実にとらえるためには、今後のデータの蓄積が必要です」とつけくわえています。

　それでは、日本に接近・上陸する台風については、すでに温暖化の影響が現れているのでしょうか。前掲の『気候変動監視レポート2019』は、意外な報告をおこなっています。「1990年代後半以降は、それ以前とくらべて、台風の発生数が少ない年が多くなっているものの、1951〜2019年の統計期間では長期変化傾向は見られない。日本への接近数は、発生数とほぼ同様の変動を示しており、長期変化傾向はみられない」というのです。また、「強い」以上の勢力（風速33m/秒〜44m/秒の台風）となった台風の発生数についても、「1977〜2019年の統計期間では、変化傾向は見られない」というのです。

　このように見てくると、気温と降水量については、かなりはっきりと、

極端現象が現れているようです。その一方、台風については、まだ明瞭な変化は現れていないようです。しかし、だからといって、「これからも大丈夫」とはいえません。

　地球の温暖化がさらに進むと、日本の極端現象は、どのように変化するのでしょうか。世界の極端現象も、どのように変化するのでしょうか。このあとで、IPCC評価報告書など読みとって、確かめてみることにしましょう。

4　何が地球を温暖化させてきたか
（1）地球自体の変動ではない大変動が

　地球は、人類が出現する前から、スケールの大きな温暖化と寒冷化をくりかえしてきました。地球の歴史をさかのぼると、私たちの地球は、4900万年前に氷河時代に入りました。氷河時代というのは、これまで温暖だった地球が寒冷化して、極地の大陸氷床や山岳地帯の氷河群が存在するようになった時代です。そのような地史学的な視点でみると、南極やグリーンランドに氷床がひろがり、ヒマラヤ山脈やアルプス山脈に氷河群が見られる現在は、氷河時代の真っ只中にある、ということになります。私たちはいま、地球の歴史のなかでは、氷河時代に生きているのです。

　その氷河時代は、寒冷な氷期と、温暖な間氷期に分かれてきました。私たちが生きているこの時代は、地史学的には、氷期と氷期の間にある間氷期だということになります。そして、最後の氷期は、約1万年前に終わりました。

　最後の氷期の最盛期には、ヨーロッパ北部の全域などが、厚い氷床におおわれていました。このため、地球の水に占める氷の比率が高くなり、海面水位が120mほど低下していました。

　日本列島の年平均気温は、いまよりも4〜13℃も低く、北海道には永久凍土がひろがり、標高の高い日本アルプスなどには山岳氷河が発達していました。北海道と樺太、ユーラシア大陸は陸続きとなり、東シナ海

の大部分も陸地になっていました。

最後の氷期が終わると、地球は、間氷期に入りました。そして、間氷期の約1万年の間に、地球の平均気温は4〜7℃も上昇しました。これを100年当たりに換算すると、0.04〜0.07℃ほど上昇したことになります。ところが、IPCC第5次評価報告書によると、地球の平均気温は、1880〜2012年の間に約0.85〜1.06℃も上昇しているというのです。上昇率は、まさに、桁違いです。この違いは、どうして、生まれたのでしょうか。

（2）工業化以後の温暖化は人間社会が

地球の歴史をさかのぼってみると、氷期と間氷期は、約10万年の周期でくりかえされてきました。その原因になったのは何でしょうか。「地球の自転軸の傾きや地球が太陽の周囲を回る軌道が周期性をもって移動することによって生まれる、北半球夏季の日射量の変動が原因である」という学説が有力です。最終氷期を終わらせたのは、「進化途上の人類」ではなく、「日射量の変動」であったというのです。

それでは、「工業化以後の温暖化」をもたらしたのは、何だったのでしょうか。IPCC第5次評価報告書は、さまざまなデータを慎重に重ね合わせた上で、「工業化以後の温暖化は人為的な温室効果ガス濃度の上昇によってもたらされた。大気中の温室効果ガスの濃度は、過去80万年の間で、前例のない水準まで増加している。過去1世紀にわたる温室効果ガスの大気中濃度は、過去2万2000年間に前例がない」と結論づけています。

温室効果ガスというのは、大気圏に存在している気体であり、地表から放射される赤外線の一部を吸収することによって、地球の大気を温暖化させる気体をさします。おもな温室効果ガスには、二酸化炭素のほかに、メタン、一酸化二窒素など、6種類の気体があります。

それでは、それらの温室効果ガスのなかで、地球温暖化の「主役」になっている気体は、何でしょうか。IPCC第5次評価報告書は、「1750年以降の温暖化への寄与率が最大だったのは二酸化炭素であった」と結論

づけています。そして、「温室効果ガスの昇温効果に占める化石燃料由来の二酸化炭素の比率は約65.2％であった」と数値化しています。

IPCC第5次報告書は、「工業化が始まった1750年以降の温暖化で、主役になってきたのは、人間が排出した化石燃料由来の二酸化炭素であった」と結論づけているのです。

もっとも、二酸化炭素の排出量は、森林が減少したり、土地利用が変化したりしても増加します。IPCC評価報告書は、その比率を10.8％と推定しています。温室効果ガスの一つであるメタンは、枯れた植物が分解するさいに発生しますが、家畜の「げっぷ」にも含まれています。また、天然ガスの採掘にともなう排出も、少なくありません。IPCC報告書は、それらの比率を15.8％と推定しています。

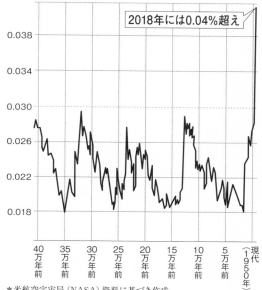

人類史上経験したことのない二酸化炭素の濃度に

大気中の濃度（%）

2018年には0.04％超え

＊米航空宇宙局（NASA）資料に基づき作成
資料出所：「しんぶん赤旗」日曜版2019年12月22日付

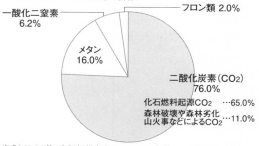

人為起源温室効果ガス総排出量に占める
ガス別排出量の内訳
CO₂ 換算ベース　2010年の割合

一酸化二窒素 6.2%

フロン類 2.0%

メタン 16.0%

二酸化炭素（CO₂）76.0%
化石燃料起源CO₂ …65.0%
森林破壊や森林劣化
山火事などによるCO₂ …11.0%

出典）IPCC第5次評価報告書 Fig SPM.1各種ガスの排出量
資料出所：全国地球温暖化防止活動推進センター

　このように、温室効果ガスの排出量を要因別に比較してみると、改めて、二酸化炭素の役割の大きさが、浮かび上がってきます。人為的な温

室効果ガスに占める二酸化炭素の比率は、約76％に達すると推定されているのです。工業化以後の人類は、森林を大規模に伐採し、化石燃料を大量に消費してきました。そしてそのことによって、この地球を温暖化させてきたのです。

　地球温暖化懐疑論者のなかには、「工業化以後の温暖化は、人為的な温室効果ガスの増加がもたらしたものではなく、自然的な変動がもたらしたものである」と主張する論者もいます。しかしIPCC第5次評価報告書は、その点については、「太陽放射照度の変化や火山性エアロゾールによる温室効果は、過去1世紀にわたる正味の温室効果に対しては、ほんのわずかしか寄与していない」と結論づけています。

　日本の気象庁は、前掲の『気候変動監視レポート2019』のなかで、「世界の二酸化炭素濃度は、2018年に407.8ppmを記録した」と報告しています。世界の二酸化炭素濃度は、40万年前から、300 ppmを超えることなく、安定的に推移してきました。工業化以前の平均的な濃度は278ppmでした。それが、工業化以後、47％も増加して、地球の温暖化を促してきたのです。

　それでは、工業化以後の世界は、どうして化石燃料由来の二酸化炭素の排出量を、急激に増加させるようになったのでしょうか。

（3）化石燃料の大量消費が二酸化炭素濃度を高めた

　化石燃料由来の二酸化炭素は、化石燃料の大量消費にともなって、大量に排出されます。地球温暖化の「主犯」は化石燃料の大量消費なのです。それでは、人類は、いつごろから化石燃料を大量に消費するようになったのでしょうか。

　IPCC第5次評価報告書は、人類が化石燃料を大量に消費するようになったのは、工業化以後のことである説明しています。工業化は「産業革命」とも呼ばれてきました。その工業化は、農業を中心とした社会を、工業を中心とした社会に変革しました。農業を中心とした社会の主なエネルギー源は薪炭でした。工業を中心とした社会の主なエネルギー源に

なったのは、まずは石炭でした。工業化以後、主要なエネルギー源は、薪炭ではなく、石炭になったのです。

　薪炭から石炭へのエネルギー革命は、まずは、産業革命の発祥地になったイギリスで始まりました。薪炭不足に悩まされていたイギリスでは、1730年代以降、木炭製鉄から石炭製鉄への大転換が進みました。1760年代以降になると、蒸気機関を利用する綿工業が発展するようになり、蒸気機関の燃料になった石炭の生産・消費量が飛躍的に増大するようになりました。1830年代になると、蒸気機関車が実用化されるようになり、石炭の生産・消費量は、さらに飛躍的に増大しました。産業革命前のイギリスの石炭生産量は、約300万トンほどでした。それが、1850年には約6000万トン、1890年には約2億2500万トンに激増しました。石炭は「黒いダイヤ」とも呼ばれ、工業化の推進力になりました。

　しかし、19世紀の終わりころに内燃機関が実用化され、20世紀に入って自動車が普及するようになると、石油が石炭の有力な競争相手として登場するようになりました。さらに、20世紀の後半に入ると、陸上でのパイプライン輸送と液化天然ガスの海上輸送がさかんになり、天然ガスが石炭・石油の有力な競争相手として登場するようになりました。第二次世界大戦後になると、化石エネルギーの「三役」がすべてそろって、価格と使い勝手のよさを、激しく競い合うようになったのです。

　化石エネルギーの「三役」は、2017年現在、世界のエネルギー消費量の85.2％を占めています。その内訳を調べると、石油が34.2％、石炭が27.6％、天然ガスが23.4％を占めています。それらの化石エネルギーは、現在、私たちの物質文明を支えてくれています。しかし、その一方で、二酸化炭素を大量に排出することによって、地球の温暖化を促すようになったのです。

（4）地域差が大きい二酸化炭素の排出量

　現代世界は、化石燃料の大量消費によって支えられ、大量の化石燃料由来の二酸化炭素を排出しています。とはいえ、化石燃料の消費量と二

酸化炭素排出量には、大きな地域差があります。

　現代世界の国々は、大きく二分すると、OECD（経済協力開発機構）に加盟している先進諸国とOECDに加盟していない発展途上諸国に分かれています。その２つの国家群の間には、化石燃料の消費量と二酸化炭素の排出量でも、大きな違いがあります。

　まずは、OECD加盟国とOECD非加盟国を、2016年の人口とエネルギー消費量（以下石油換算）でくらべてみましょう。OECD加盟国は、人口では、世界の17.2％を占めているにすぎません。しかし、エネルギー消費量では、世界の38.1％を占めています。だから、１人当たりのエネルギー消費量を比較すると、OECD加盟国は4.10トンなのに、OECD非加盟国は1.32トンにとどまっています。

　つぎに、OECD加盟国とOECD非加盟国を、2016年の化石燃料由来の二酸化炭素排出量について比較してみましょう。OECD加盟国の比率は35.7％、OECD非加盟国の比率は60.5％になります。化石燃料由来の二酸化炭素排出量を「１人当たり」に換算すると、どうなるでしょうか。それぞれ、9.0トン、3.21トンになります。

　最近は、OECD非加盟国のなかにも、急速な工業化にともなって、エネルギー消費量を急増させている国もあります。たとえば、新興工業国になった中国のエネルギー消費量は、2019年には世界の24.2％を占めるまでになり、アメリカの16.2％を上回り、世界第１位になっています。工業化がめざましいインドのエネルギー消費量も、2019年には世界の5.8％を占めるまでになり、世界第３位に「躍進」してきました。

　その一方で、スタートのおくれたアフリカ諸国のエネルギー消費量は、依然として低位にとどまっています。アフリカ諸国の１人当たりのエネルギー消費量は、0.67トンにすぎません。

　地球の温暖化への責任には、大きな地域差があります。このため、気候変動枠組条約の第４条には、「それぞれ共通に有しているが差異のある責任」という文言が書き込まれることになったのです。

（5）石炭への「中毒」をやめない日本

　地球温暖化の「主犯」は、化石燃料の大量消費です。それでは、どのような部門が、化石燃料を大量に消費し、大量の二酸化炭素を排出しているのでしょうか。

　2018年度の日本を例にとると、意外なことに、家庭部門の比率は4.6％にとどまっています。家庭部門以外の比率を調べてみると、エネルギー転換部門の40.1％、産業部門（工場等）の25.0％、運輸部門（自動車等）の17.8％がきわだっています。

　エネルギー転換部門の主役は発電所です。その発電所の電源（2016年）を調べてみると、液化天然ガスが45.2％、石炭が29.0％を占めています。電力1キロワット時当たり、どれだけの二酸化炭素を排出しているかを示す数値を、二酸化炭素排出係数といいます。石炭の二酸化炭素排出係数は、液化天然ガスの1.8倍になります。その石炭を大量消費する石炭火力発電が、原発が運転停止になった2011年以後、日本の発電量の30％前後を占めているのです。

　日本の産業界は、どうして、石炭火力発電に固執しているのでしょうか。石炭業界の財団法人「石炭エネルギーセンター」は、「なぜ石炭は今でも発電に使わざるを得ないのか」という問いを設定して、「石炭は、賦存量が多く偏在性が少なく、供給安定性と経済性に優れた資源です。世界には電気にアクセスできない人々が約13億人いるとされており、このような発展途上国の経済発展のためには経済性の優れた石炭資源が不可欠です」と答えています。どうやら、「発展途上国の貧しい人々を救うためには、経済性が優れた石炭火力が必要不可欠である」と主張したいようです。

　そして、そのような考え方は、日本のエネルギー政策の大前提にもなっているのです。日本の政府は、石炭火力を「ベースロード電源」の一つとして位置づけ、「効率が優れた火力発電設備の新増設」をうたっています。そして何と、福島原発事故以後、50ヵ所もの石炭火力発電所の新増設を計画し、すでに15基を稼働させています。それだけではなく、

エネルギー基本計画では、
2030年の電源構成に占める
化石燃料系の比率を56％に
設定し、そのうちの26％を
石炭火力に依存しようとし
ているのです。

　それだけではありません。
日本は、インドネシア、ベ
トナム、バングラデシュな
どの発展途上国に対して、

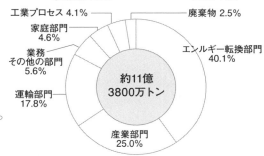

日本の部門別二酸化炭素排出量の割合
——直接排出量——（2018年度）

工業プロセス 4.1%　　　　　　廃棄物 2.5%
家庭部門 4.6%　　　　　　　エネルギー転換部門 40.1%
業務その他の部門 5.6%
運輸部門 17.8%　　約11億3800万トン
産業部門 25.0%

出典）温室効果ガスインベントリオフィス
資料出所：全国地球温暖化防止活動推進センター

石炭火力発電への投融資を続けています。経産省資源エネルギー庁のホー
ムページを開くと、そのことを正当化する問答集が掲載されています。
そこでは、「世界的に、石炭火力発電については投資を見直したり、や
めたりといった動きがあると聞きます。なのに、なぜ日本は石炭火力発
電を活用する方針を変えないのですか」という問いを設けて、「石炭は、
安定供給や経済性の面で優れたエネルギー源です。ほかの化石燃料（石
油など）にくらべて採掘できる年数が長く、また、存在している地域も
分散しているため、安定的な供給が望めます。また、原油やLNGガス
にくらべて価格は低めで安定しており、LNGガスを使った火力発電よ
りも、低い燃費で発電できます」という回答を掲載しています。「低い
燃費が魅力」というのです。

　しかし、グテーレス国連事務総長は、2019年９月、「気候変動と戦う
ためには、石炭への中毒をやめなければならない」と警告しています。
2019年にスペインのマドリードで開催された気候変動枠組条約の第25回
締約国会議（COP）では、日本は、「依然として石炭火力発電に固執し
ている」と批判され、２回にわたって、国際的な環境NGOから不名誉
な「金賞＝化石賞」を授与されました。

　経産省資源エネルギー庁は、「石炭火力発電は、経済性に優れ、価格
は低め」と宣伝しています。そのような言い訳は、IPCCが1990年に第

　１次評価報告書を発表するまでは、ある程度は通用しました。しかし、国際社会は、1994年には気候変動枠組条約を採択し、「気候系に対して危険な人為的干渉を及ぼすこととならない水準において大気中の温室効果ガスを安定化させることを究極的な目的とする」（第２条）と宣言しました。それから25年たった2019年、石炭火力発電に固執する日本は、スペインで開催された第25回締約国会議において、国際社会から厳しい批判を受けることになったのです。

5　温暖化が進むと地球の自然はどうなるか
（1）2100年の世界の平均気温は4.8℃も高くなる

　地球の温暖化に歯止めをかけないと、私たちの地球は、どうなってしまうのでしょうか。その結論は、今後の人為的な温室効果ガスの排出量によって、大きく異なってきます。そのように考えて、IPCC第５次報告書は、４段階のシナリオ（仮定）を設定することにしました。そして、各シナリオごとに、温暖化の影響を数値で表すことにしました。

　IPCC報告書は、まずは、「どのようなシナリオを想定しても、21世紀末（2081〜2100年）の世界平均地上気温は、現在（1986〜2005年）よりも上昇する」と警告しています。そして、何の温暖化対策もとらない最悪のシナリオだと、21世紀末の世界平均地上気温は、現在（1986〜2005年）よりも2.6〜4.8℃上昇すると警告しています。

　人類は、工業化以後、化石燃料由来の二酸化炭素などを排出することによって、すでに世界平均地上気温を約１℃も上昇させてしまいました。だから、最悪のシナリオだと、21世紀末の世界平均地上気温は、工業化以前とくらべると、3.6〜5.8℃も高くなってしまうというのです。

　もっとも、地球の平均地上気温は、これまでも、かなりの幅で変動してきました。しかし、中世の温暖期（約900〜約1400年）、近世以降の小氷期（約1400〜1900年）の変動幅は、せいぜい、１℃未満だったと推定されています。氷河時代は氷期と間氷期に分かれていました。しかし、地球の平均地上気温の変動幅は、４〜７℃程度におさまっていたと推定

されています。世界平均地上気温の変動幅が5.8℃になるということは、氷期と間氷期の変動幅に近い気候変動が生ずる、ということになるのです。

　そのような気候変動がおこると、どのような「自然の異変」が発生するようになるのでしょうか。IPCC評価報告書を中心に、そのことを、確かめてみることにしましょう。

（2）ますます大きくなる降水量の地域差

　地球の温暖化が進むと、海水面の温度が上昇し、海水面から蒸発する水蒸気量が増加します。そうすると、当然のことながら、世界平均の降水量が増加します。しかし、地球の水循環システムは複雑であり、すべての地域の降水量が、同じように増加するわけではありません。降水量の増減には、大きな地域差が生じます。

　IPCC第5次評価報告書は、地球規模の水循環については、「高緯度地域と太平洋赤道地域では、今世紀末までに、年平均降水量が増加する可能性が高い」、「中緯度と亜熱帯の乾燥地域の多くでは、今世紀末までに年平均降水量が減少する可能性が高い」、「多くの中緯度の湿潤地域では、今世紀末までに、年平均降水量が増加する可能性が高い」と予測しています。

　赤道地域は、いまでも、降水量の多い地域です。そこの年平均降水量は、地球の温暖化にともなって、ますます増加していくというのです。中緯度と亜熱帯の乾燥地域は、いまでも、降水量の少ない地域です。そこの年平均降水量は、地球の温暖化にともなって、ますます減少していくというのです。地球の降水量には、いまでも、大きな地域差があります。地球の温暖化にともなって、その地域差が、ますます大きくなるというのです。

　中緯度と亜熱帯の乾燥地域には、多くの発展途上国の人々がくらしています。そこでは、慢性的な水不足とたたかいながら、さまざまな乾燥地農業が営まれています。そこの降水量の不足が、さらに、深刻化する

というのです。

（3）世界の平均海面水位は上昇し続ける

　地球の温暖化が進むと、地球規模で、海水の温度も上昇します。IPCC第5次評価報告書は、水深100mまでの海水の温度は、最悪のシナリオだと、21世紀末までに約2.0℃上昇すると推定しています。海水の温度上昇は、しだいに、深層にまでおよんでいきます。IPCC報告書は、最悪のシナリオだと、水深1000mの海水温は、21世紀末までに約0.6℃上昇すると推定しています。

　海水は、温度が上がると、熱膨張します。氷河が融解すると、海洋に流入する陸水が増えます。このため、世界の平均海面水位は、地球の温暖化にともなって、21世紀を通じて急上昇します。IPCC報告書は、最悪のシナリオだと、1986～2005年平均を規準とした海面水位は、21世紀末までに、0.45～0.82m上昇すると推定しています。しかし、それだけでも大変ですが、海面水位の上昇はこの程度にはおさまらないとみています。

　IPCC報告書は、「熱膨張に起因する海面水位の上昇は、何世紀にもわたって継続する。最悪のシナリオだと、2300年には、海面水位の上昇は1～3mに達する。グリーンランド氷床が完全になくなる可能性もある。そうすると、世界の平均海面水位は、7mも上昇する可能性がある。それだけでなく、南極氷床が急激に失われる可能性も否定できない」と警告しています。

　世界の海面水位は、海水の熱膨張だけでも、1～3m上昇する可能性があります。それにグリーンランド氷床の融解を加えると、世界の海面水位は10m近くも上昇することになります。それに、南極氷床の融解の可能性も否定できない、というのです。

　国土交通省の専門調査会は、「平均海面水位が59cm上昇すると、東京湾、伊勢湾、大阪湾に面したゼロメートル地帯の面積は、577km²から879km²へと、約5割も増大する」と予測しています。

山がちな島国である日本は、国土面積の5.4％を占めるにすぎない標高10m未満の低地帯に、人口と経済が集積しています。海面水位が10mを超えて上昇すると、そこが、ゼロメートル地帯になってしまうのです。国土交通省の検討委員会は、「地球温暖化が進むと、海面水位の上昇によって、砂浜が消失する可能性がある。海面水位が80cm上昇すると、日本の砂浜の91％が消失する」とも警告しています。

　海面水位上昇の脅威は、大洋に浮かぶ小島嶼国では、さらに深刻です。インド洋に浮かぶ小島嶼国、モルディブは、最高地点の海抜高度が2.4mにすぎません。南太平洋に浮かぶツバルは、国土のほとんどが海抜高度３m未満の低地国です。最高地点の海抜高度も４m程度です。これらの小島嶼国は、1990年に小島嶼国連合（AOSIS）を結成し、世界に向かって、早急な地球温暖化対策の強化を訴えてきました。2015年のパリ協定では、「２℃目標」が採択されました。しかし、小島嶼国は、「２℃では不十分」と強く主張しました。IPCCは、「２℃でも深刻な影響を受けるリスクのある、気候変動に脆弱な国々への配慮」を再確認して、2018年10月に「1.5℃特別報告書」を発表することになりました。

（4）世界中で「極端な気象」が増える

　地球の温暖化にともなって、すでに、「極端な気象」が世界の各地で現れ始めています。温暖化がさらに進むと、21世紀末には、極端な気象は、どのように現れてくるのでしょうか。

　IPCC第５次評価報告書は、「極端な気温」については、「世界の平均気温が上昇するにつれて、極端な高温が頻繁に現れるようになり、極端な低温が減少するのは確実である」、「ほとんどの陸域で、熱波の頻度が増加し、その継続期間が長くなる可能性が非常に高い」と報告しています。また、「最悪のシナリオの場合、ほとんどの陸域において、21世紀末までに、現在では20年に１度おこるような最高気温現象は、その頻度が少なくとも倍増し、多くの地域では１〜２年に１度の現象になる可能性が高い」とも報告しています。

　それでは、「極端な降水量」は、どうなるのでしょうか。IPCC第5次評価報告書は、「世界の平均地上気温が上昇するにつれ、中緯度陸域の大部分と湿潤な熱帯地域では、極端な降水現象の強度と頻度が増大する可能性が、非常に高くなる」と警告しています。

　もっとも、降水量については、降水の仕組みが複雑な上に、観測データが限られていることもあり、IPCC第5次評価報告書の表現も慎重になっています。「極端な降水現象の強度と頻度が増大する可能性」については、地域を「中緯度陸域の大部分と熱帯地域」に限定しているのです。しかし、「中緯度陸域」というと、そこには日本列島も位置しています。だから、IPCC報告書も、日本列島については、「極端な降水現象の強度と頻度が増大する」と予測しているのです。

　IPCC報告書の慎重さは、干ばつの予測にも現れ、干ばつの強度や継続期間については、「増加する可能性が高いが、確信度は中程度である」と報告しています。

　IPCC第5次評価報告書は、熱帯低気圧の予測についても、慎重な姿勢をくずしていません。「観測能力の過去の変化を考慮すると、熱帯低気圧の活動度の長期的変化についての確信度は低い」と認めています。しかし、慎重な検討を重ねた上で、「地球全体での熱帯低気圧の発生頻度は減少するか、あまり変わらない可能性が高いが、熱帯低気圧の最大風速と降水量は増加する可能性が高い」、「北西太平洋と北大西洋では、強い熱帯低気圧の活動度が増加する可能性が、どちらかといえば高い」と結論づけています。

（5）観測データがそろっている日本では

　日本の気象観測は世界の最高水準にあり、観測データと気象の研究成果もかなり整っています。その日本では、「極端な気象」の出現は、どのように予測されているのでしょうか。

　気象庁は、1996年以降、『地球温暖化予測情報』を発表してきました。2017年3月に発表されたその『第9巻』は、「IPCCの最悪のシナリオ」

どうすれば、複雑な現象を理解することができるのだろうか

吉埜 和雄

　コップに氷水を入れ30分ほど置いておくと、コップの周囲に水がつき、コップの下に水が溜まります。空気中に水蒸気がある証拠です。温度の低いコップに水の分子がぶつかり、運動エネルギーをコップに渡し、他の水分子とくっつき、液体へとなっていると想像します。

　しかし、コップのどこに水滴が成長するかなどは、予想がつきません。ガラスの表面の状態や、その汚れなど、なんらかの原因があって水滴が成長するのでしょうが、それを突き止めるのは、難しいでしょうか。

　コップに水を入れてドライアイスを入れてみると、雲を含んだ泡がボコボコ出ます。その雲が、コップの壁に沿って流れ落ち、床に広がります。細部の動きは、極めて複雑です。雲の動きは、あくまでも雲の動きであり、その雲を動かしている空気の動きと同じではないでしょう。でも、雲は目に見えます。
　空気中の水蒸気量や、空気の温度、コップの周囲の温度勾配などなどを測定し、力学や熱力学の法則を使い、コンピューターを使って、雲が成長し動く様子や、雲を動かしている風の動きや、コップの表面の水滴の成長などを、シミュレーションすることができないでしょうか。測定したデータだけでは不十分で、例えば、「コップの表面の状況を表すような何か」を、仮説というか想定する必要があると思います。また、コンピューターの性能には限界があります。使うデータの量にも限りがありますし、計算の仕方も、はしょるというか、近似を使う必要もあるでしょう。知りたいのは原子一つひとつの動きではなく、

を前提として、21世紀末の日本の気象を予測しています。
　『地球温暖化予測情報・第9巻』は、猛暑日（最高気温が35℃以上の日）については、「猛暑日となるような極端に暑い日の年間日数は、沖

集団としての空気の動きですから、シミュレーションできる可能性はあるかもしれません。

　コンピューターのシミュレーションで興味深いことは、条件を変えたときの変化を、見られることです。シミュレーションで得た結果の中には、実験で確かめられるものもあると思います。実験の結果と、シミュレーションの結果が違っていたら、人為的な想定や、計算の考え方、プログラムなどのどこかが違っていて、信頼できないことがわかります。実験の結果がシミュレーションどおりだったら、それは「信頼できるよ」という合図の一つになると思います。
　実験で確かめられそうな現象を、意図的にシミュレーションして、その結果と実験の結果を確かめ、修正を繰り返せば、シミュレーションの信頼度を上げることができそうです。また、シミュレーションで出てきた意外な結果が、新たな理論や実験へと導くこともあると思います。信頼度が上がれば、自然の理解へとつながっていきます。
　ドライアイスを入れた時の、目に見える雲の動きを再現でき、その背後の空気の動きが見えたとします。条件を変えてシミュレーションすることで、コップに氷を入れた時の周囲の空気の動きも、わかるかもしれません。「コップのどこに、まず水滴が成長を始めるのか」や「水滴がつき始めるとコップの表面の温度はどう変化するか」など、だんだんに、わかってくる可能性があります。面白いと思います。

　コンピューターの性能が上がるとともに、シミュレーションが、天気予報や気候変動、太陽系の形成などの、複雑で不可逆的な自然を理解する手段になっています。

縄・奄美で54日増加するなど、全国的に確実に増加する」と報告しています。沖縄の首都・那覇市は、海に近いたこともあり、現在（1981～2010年観測値の平均値）の猛暑日の年間日数は、0.1日にすぎません。そ

れが、21世紀末には、54日になるというのです。猛暑といえば、埼玉県熊谷市が有名です。そこの現在の猛暑日の年間日数は22日です。それが、21世紀末には、46日になると予測しています。

　地球の温暖化は熱帯夜（夜間の最低気温が25℃以上の日）も増加させます。現在、那覇市の熱帯夜の年間日数は148日です。それが、21世紀末になると、239日になると予測しています。「1年間のうち、8ヵ月は熱帯夜になる」というのです。現在、東京の熱帯夜の年間日数は28日です。それが、21世紀末になると、73日になると予測しています。「熱帯夜が2ヵ月以上も続くようになる」というのです。

　気象庁の『地球温暖化予測情報・第9巻』は、「極端な降水」については、どのように予測しているのでしょうか。まずは、日降水量について、「日降水量100㎜以上と200㎜以上の発生回数は、ほぼ全ての地域と季節で有意に増加する」、「日降水量200㎜以上になるような大雨の年間発生回数は、全国平均で2倍以上になる」と報告しています。続いて、短時間強雨の発生回数については、「バケツをひっくりかえしたように降る雨（1時間降水量30㎜以上の短時間強雨）と滝のように降る雨（1時間降水量50㎜以上の短時間強雨）の発生回数は、全ての地域と季節で確実に増加する」、「滝のように降る雨の年間発生回数は、全国平均で2倍以上になる」と予測しています。

　降水量の予測は、「台風銀座」に位置する日本の場合、台風の予測に大きく左右されます。日本にやってくる台風は、地球の温暖化にともなって、どのように姿を変えるのでしょうか。

　先にも紹介したように、IPCC第5次評価報告書は、「北西太平洋では、強い熱帯低気圧の活動度が増加する可能性が、どちらかといえば高い」と結論づけていました。そうだとすると、北西太平洋に位置する日本列島付近では、「強い台風」の活動度が増加する可能性が高くなります。

　名古屋大学地球水循環研究センターのグループは、2014年、「地球温暖化に伴いスーパー台風の強度増大」と題する報告書を発表しました。そして、「地球温暖化がさらに進むと、10分間の平均風速が85〜90m/秒、

最低気圧が860hPa程度になるようなスーパー台風が発生する。そのような台風は、日本を含む中緯度帯まで、強度を維持したまま北上し、スーパー台風として上陸する可能性がある」と報告しています。

　そのような台風が最悪のコースをたどって上陸すると、2019年の台風19号を上回るような猛烈な豪雨をもたらし、伊勢湾台風を上回るような高潮を発生させる可能性があります。

　地球の温暖化は、まだ、その全貌を現してはいません。しかし、地球の温暖化がさらに進むと、そうはいかなくなります。「極端な気象」は、さらに極端化するようになり、さらに頻繁に現れるようになることは必至です。そうならないためには、地球温暖化防止を阻止する行動に、ただちに取り組まなくてはなりません。

おわりに──温暖化を「＋1.5℃」に抑えよう

　IPCC第5次評価報告書は、「最悪のシナリオのままでいくと、2100年の世界平均地上気温は、1986〜2005年平均とくらべると、最大で4.8℃も上昇する」と警告しました。しかし、それと同時に、「二酸化炭素の累積排出量と世界平均地上気温の応答は、ほぼ比例関係にある」という新見解を示しました。

　そうだとすると、世界平均地上気温の上昇は、二酸化炭素の累積排出量を抑制できれば、目標レベル以下に、抑制できるようになるはずです。パリ協定は、そのように考え方を共有して、「2100年の世界平均地上気温を、工業化以前とくらべて、2℃より低く保ち、1.5℃に抑える」という目標を掲げることになりました。

　しかし、2018年10月のIPCC総会で採択された『1.5℃特別報告書』は、「人類は、工業化以前とくらべると、すでに地球を約1℃温暖化させた。このままいくと、2030年から2052年の間に、その数値は1.5℃に達する可能性が高い（確信度が高い）。さらに、2100年には、約3℃になる可能性が高い（確信度が中程度）」と警告し、「工業化以前とくらべた温暖化の上昇幅を、2℃ではなく、1.5℃に抑える必要がある」と提示したの

です。そして、「そのために、二酸化炭素の排出量を、2030年までに2010年水準から約45％減少させ、さらに2050年前後にゼロにしよう」と提示したのです。

『1.5℃特別報告書』は、絶望ではなく、希望を語りかけています。「世界全体で、二酸化炭素の排出量をゼロにして、それ以外の温室効果ガスの排出を低減すれば、数十年の時間スケールで、人為起源の地球温暖化を停止させることができる」というのです。そして、「地球温暖化を1.5℃に抑制して、持続可能な開発を達成し、貧困を撲滅しよう」と提示しているのです。

私たちは、そのような提示に、どのように応えたらいいのでしょうか。地球温暖化問題を解決する道筋を、この後の第4章で、具体的に探ってゆくことにしましょう。

Ⅳ　温暖化を止める取り組みはここ10年が勝負

岩佐　茂

はじめに

　グテーレス国連事務総長は、2019年のCOP25（気候変動枠組条約第25回締約国会議）閉幕に合わせて声明を出し、「COP25の結果にがっかりしている」と語りました。彼は、なぜ「がっかり」したのでしょうか。

　COP25は、中国やアメリカ（パリ条約から離脱）、日本、インド、ソ連などの主要排出国が「野心的」な目標を立てることをおこなわなかったからです。同時に、グテーレス国連事務総長は「あきらめてはいけない。私はあきらめない」とも語り、「パリ協定」が始まる2020年がそうなるように「尽力」する「決意」をあらためて示しました。

　COP25は、どうしてこのようなことになってしまったのでしょうか。COPのこれまでの歩みもたどりながら、地球温暖化を止める取り組みがなかなか進まない理由を見つめ直して、今、何をなすべきなのかを考えてみたいと思います。

1　条約ができてから25年、CO₂はほぼ３倍に増えた
（1）取り組みの出発点となった「京都議定書」

　気候変動枠組条約は、1992年にリオデジャネイロで開かれた国連の地球サミットで採択され、1994年に発効しました。この条約では、2000年

までに温室効果ガスを1990年レベルに戻すことが謳われましたが、法的拘束力のない努力目標にとどまりました。1995年からは毎年締約国会議（COP）が開かれ、2019年で25回になります。

京都で開催されたCOP3（1997年）で、2008年から2012年の間に、1990年と比べて温室効果ガス（6種類）を少なくとも5％削減（日本6％、アメリカ7％、EU8％削減）するという拘束力をもった取り決めをしたのが「京都議定書」です。2005年に発効しました。

クリントン民主党政権は、ゴア副大統領を送り込んで、京都議定書をまとめるのに尽力しましたが、その後政権交代があり、ブッシュ（子）共和党政権になって、アメリカはけっきょく「京都議定書」から離脱を宣言しました。

これまで人為的に排出された二酸化炭素（CO_2）の大部分は、工業先進国によって排出されたものでした。そのため、京都議定書は、気候変動枠組条約で謳われた「共通だが差異のある責任」の原則にしたがって目標を定めましたが、欧州連合（EU）も日本も目標をクリアしました。日本の場合、正確にいうと、1990年比で1.4％増えているのですが、森林による吸収量や京都メカニズム（グリーン開発メカニズム、排出権取引、共同実施）の活用で、目標を上回る8.4％減らすことになったのです。

IPCC・COP の歩み

1988	気候変動に関する政府間パネル（IPCC）
1990	IPCC 第1次評価報告書
1992	地球サミットで「気候変動枠組条約」採択
1994	「気候変動枠組条約」発効
1995	IPCC 第2次評価報告書
1997	気候変動枠組条約第1回締約国会議(COP1)
	COP3で「京都議定書」採択
2001	IPCC 第3次評価報告書
2005	「京都議定書」発効
2007	IPCC 第4次評価報告書
2014	IPCC 第5次評価報告書
2015	CIO21で「パリ協定」採択
2016	「パリ協定」発効
2018	IPCC 1.5℃ 特別報告書
2019	国連環境計画 排出ギャップ報告2019

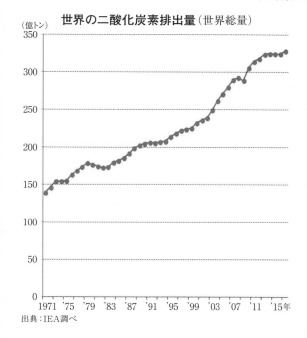

（億トン）
世界の二酸化炭素排出量（世界総量）

出典：IEA調べ

グラフを見てください。2009年にCO₂が減っているのは、リーマンショックの影響ですが、2010年代に入ってCO₂の増加がほぼ横ばいなのは、「京都議定書」の一定の成果と見ることができます。

だが、喜ぶことはできません。その後は、増加に転じています。グラフの大きな動きをみれば、CO₂の増加は1990年にひき戻すどころか、大幅に増加しているのがわかります。1990年のときには、世界のCO₂排出量は210億トン超でしたが、2018年には、323億トンにまで増加しています。空気中のCO₂の濃度も、産業革命前の280ppmから407.8ppm（2018年）に増加しています。

（2）IPCC の報告書

CO₂は、地球の気温を一定に保つうえで重要な役割を担っていましたが、1980年代後半になって、CO₂の増大による地球の温暖化問題の深刻さが論議されるようになってきました。地球学者のG.ハンセン博士が「地球の平均気温が異常な率で上昇しつつある。これは自然現象ではなく、人間活動によるもので、とくに化石燃料の大量消費という現代文明によってもたらされた」と、アメリカ議会で証言して、世界に衝撃を与えたのが1988年６月のことでした。

同じ年に、「気候変動に関する政府間パネル（IPCC）」も設立されま

した。気象学者を中心に、各国の研究者が集い、温暖化問題にかかわる学術文献を評価して、科学的見地から報告書を出しています。これまで５次にわたる評価報告書（1990年、1995年、2001年、2007年、2014年）と「1.5℃特別報告書」（2018年）、「変化する気候下での海洋・氷雪圏に関する特別報告書」（2019年）が出されています。

　最初のうちは、科学的根拠に欠けるなどの批判的意見や疑問や異論、不正確な部分もありました。第４次評価報告書からは、「ほぼ確実（99－100％）」「可能性が極めて高い（95－100％）」「可能性が非常に高い（90－100％）」などの発生確率を明確にしています。およそ数千人にのぼる世界の研究者の英知を集めたものとして、信頼にたる科学的知見だと思います。

（3）石油業界の戦略としての懐疑論・否定論の押し出し

　しかし、地球温暖化問題では、しばしば懐疑論や否定論が出ています。その理由は、２つあります。ひとつは、温暖化の科学的予測が科学的根拠をもっているとしても、完全に予想することが難しく、不確実性を残すために、そこを突いた疑問や批判です。第４次評価報告書から発生確率を明記したことは、このような疑問や批判に応えるものとなっています。これは、温暖化現象を分析した科学的知見の深まりや科学的コミュニケーションのなかで議論が深められ、解決されていくでしょう。

　もうひとつの理由は、利害関係団体による懐疑論的研究への資金的後押しや政策へのコミットです。エクソンモービル社などの石油業界が、多大の資金を提供して、温暖化懐疑論や否定論の研究を助成し、普及していることがあります。この影響は図りしれません。

　世界的にベストセラーとなったナオミ・クライン『これがすべてを変える　資本主義vs.気候変動』（邦訳、岩波書店）は、IPCCと紛らわしい名称の「気候変動に関する国際会議（ICCC）」が2008年から開催され、反温暖化論や温暖化懐疑論を振りまいていることを具体的にレポートしています。会議を主催しているハートランド研究所にも、報告者にも、石

油業界から資金が流れているだけではなく、トランプ大統領の「パリ協定」からの離脱表明にも影響をあたえたと言われています。

　もう少しさかのぼれば、グリーンピース・インターナショナルの2つのレポート、「議会を動かすオイルマネー——アメリカの議会に投じられる化石燃料企業の政治献金——」(1997年)、「エクソンモービル　不正工作の10年——世界が気候変動に取り組むのをやめさせるためのエクソンモービル社の工作——」(2003年) は、石油業界が政策決定へとのように関与したのかということや、温暖化にたいする懐疑論や批判論をどのように醸成したのかということを具体的事実にもとづいて暴露しています。興味深い一例をあげてみましょう。アリカ石油研究所（石油業界のフロント団体）が作成した「地球気候科学のコミュニケーション行動プラン」(COP 4 に向けてのキャンペーン) は、懐疑論が反温暖化キャンペーンできわめて有効であることを、次のように主張しています。

　「勝利はこうして実現される。

　　・平均的な市民が気候変動に関する科学には不確実性があることを理解（認識）し、彼らの形成する強力な一般世論が、気候変動に関する政策決定者達に伝わるとき。

　　・業界のリーダーたちが気候変動に関する科学には不確実性があることを理解（認識）し、彼らの形成する強力な業界世論が、気候変動に関する政策決定者達に伝わるとき。

　　・既存の科学的知見に基づいて京都議定書を推進する人々の発言が、現実とかけ離れていると見られるようになったとき」。

　ブッシュ（子）大統領は、自ら石油ビジネスにかかわり、石油業界との関係が深いだけではなく、政権の主要なメンバーにも、石油業界出身の人たちを抱え、石油業界から多くの政治資金をもらっていました。トランプ大統領も、伝統的な産業である石炭業界との結びつきが強く、そこを支持基盤のひとつにしています。

　今は、夏の高温の増加や異常気象の多発などの現実そのものによって、こういった懐疑論や否定論は放逐されつつあります。現実の方がより深

刻になっているからです。

（4）すったもんだした13年以降の取り組み

　京都議定書が終わる2012年のあと、空白期間をつくらないで温室効果ガス削減の取り組みを進めるために、2013年以降の削減目標をどう設定し、実行するのかということが課題となりました。日本は、カナダやロシアとともに参加しないことを表明するなど、足を引っ張りつづけてきました。

　そのため、化石賞を何度も受賞しています。化石賞は、COPの期間中、温暖化対策にもっとも消極的な発言や行動をおこなった国に、国際NGOの「気候変動アクション・ネットワーク（CAN)」が贈る賞で、不名誉な、恥ずべき賞です。

　すったもんだしながら、2012年にはIPCCは、「第2約束期間」（2013〜2020年）を設定して削減目標にとりくむ改正案を採択しましたが、けっきょく改正案を受諾した国が少なく、発効されませんでした。

　2009年の政権交代後、民主党政権は当初、温暖化問題に積極的に取り組む姿勢を示して、国際公約として2020年までに1990年比で25％（2005年比で33.3％）、2030年までに30％を減らすという目標をたてましたが、政権に返り咲いた第2次安倍晋三政権は、25％削減を見直すことを表明し、2005年比で3.8％削減（1990年比で3.1％増）の目標を設定しました。民主党政権よりもはるかに後退した目標で、EUが2020年までに1990年比で20％削減を掲げているのと比較すれば、後ろ向きの姿勢は明らかです。

　COP19（2013年）で、IPCC事務局は、2020年以降の削減目標として、「約束草案」を各国がCOP21までに提出することを要請しました。日本は、2013年比で26％削減（2005年比では、25.4％削減）というものでした（次頁図参照）。1990年比に読み替えると、18％削減ということになります。

　すったもんだしながら、2020年以降の中・長期目標を設定することに

比重が移り、
COP21（2015年）
で、今世紀末まで
に気温の上昇を
2℃未満、できれ
ば1.5℃に抑える
ことをめざす「パ
リ協定」が結ばれ
ました。

　この間、COP
ではその都度さま
ざまな合意をしな

各 国 の 削 減 目 標

中国	2030年までに	60－65%削減 GDP当たりのCO$_2$排出を	2005年比
EU	2030年までに	40%削減	1990年比
インド	2030年までに	33－35%削減 GDP当たりのCO$_2$排出を	2005年比
日本	2030年までに	26%削減 2005年比では25・4%削減	2013年比
ロシア	2030年までに	70－75%に抑制	1990年比
アメリカ	2025年までに	26－28%削減	2005年比

注　国連気候変動枠組条約に提出された約束草案より抜粋
資料出所：全国地球温暖化防止活動推進センター

がらも、なぜ実質的にほとんど前進してこなかったのでしょうか。さまざまな利害の対立があったからです。多量のCO$_2$を排出する工業先進国のなかでも、排出を合理化しようとする国とCO$_2$削減に熱心に取り組むべきだという国との対立。工業先進国とCO$_2$削減のために工業先進国から資金援助を受けようとする発展途上国との対立。温暖化による海面上昇で被害をもろに受ける小島嶼国連合とそうでない国との対立。温暖化を訴える科学者と経済界や政策決定者との対立。経済活動を最優先する企業と温暖化によって生存や生活が脅かされる生活者や社会的弱者との対立。

　このような利害の対立をも抱え込みながらも、COP21で法的拘束力をもった「パリ協定」が結ばれたのは、急速な温暖化が人類の存続にかかわる大問題であるという科学的知見と、それに基づいた国際的な運動や世論の高まりがあったからです。それを背景に、2大排出国の中国の習近平主席とアメリカのオバマ大統領が会談して、温暖化問題に積極的に取り組む姿勢を見せたことも大きかったでしょう。開催国フランスのマクロン大統領のリーダーシップもありました。

（5）足を引っ張り続けている日本政府

　2013年以降、COPで足を引っ張りつづけてきたのが日本政府です。それは、2013年以降、化石賞を毎年のように受賞する常連国となっていることからもよく分かります。

　2012年までは、いろいろ注文をつけながらも、まがりなりにも前向きなポーズをとってきました。京都議定書をまとめた政府としての道義的責任があるからです。「京都議定書」の6％削減目標も8.4％削減して、目標をクリアしました。しかし、実質的には、1990年比で1.4％増えています。目標を達成できたのは、日本は森林国なので、森林による吸収量が多いのと、京都メカニズムを最大限活用したからです。

　日本政府の取り組みは、どこに問題があるのでしょうか。最大の問題点は、経済界の取り組みの枠内でしかおこなっていないところにあります。日本経団連などの経営者団体もCO_2削減を課題として掲げていないわけではありませんが、きわめて不十分なものです。どこが不十分なのでしょうか。

　削減目標を設定するのに必要なのは、どれだけCO_2を削減する必要があるかという数値目標を明確にして、その数値目標をどのようにして実現していくかを考えることです。日本経団連は、このような方法に一貫して反対してきました。日本経団連のアプローチは、省エネや技術によってできるところから、できる範囲で目標を上積みして、削減目標を設定していこうというものです。

　このようなやり方は、産業のあり方が日進月歩のように変化してきているにもかかわらず、既存のエネルギー構成や産業構造を前提にして、それにしがみつくという、きわめて保守的な態度であるといわなければなりません。

　日本経団連はこのような視点から、「京都議定書」のように、国際的に法的拘束力をもった数値目標を掲げることに反対し、目標設定は自主的に立てるべきであると強く主張してきました。日本政府も、13年以降は日本経団連の意向に沿って、削減目標は、各国が自主的に設定すべき

ということにこだわり続けています。

　もうひとつ、科学的知見にかんする問題でも、日本政府は足を引っ張ってきました。COP15で、「気温の上昇を２℃以内に抑える」という「コペンハーゲン合意」（2009年）がなされ、翌年のCOP16の「カンクン合意」では、「世界全体の気温の上昇が２℃より下にとどまるべきであるとの科学的見解を認識」することが共有されましたが、それに先立ってEUでは、気温の２℃上昇が「危険な水準」であることがさかんに議論されてきました。安倍首相が参加した2007年のG8では、日本は２℃上昇について、アメリカとともに「科学的な根拠がない」として、合意事項に入れるのに反対した経緯があります。G8で２℃上昇を「危険な水準」であるとの認識が共有されたのは、2009年にイタリアで開かれた会議でした。

2　「パリ協定」でもまだ不十分だ
（1）「パリ協定」の意義と「野心的」な目標の引き上げ

　現在では、２℃未満に抑えるだけでは不十分であるとみられています。その方向を明確にしたのが、「パリ協定」（2016年発効）です。

　「パリ協定」は、今世紀末までに気温の上昇を産業革命前から２℃未満、できれば1.5℃に抑えることを目指し、そのために今世紀後半までに、温室効果ガスの排出量と除去量の「均衡」を達成することを掲げました。

　この「均衡」で大切なのは、カーボンニュートラル（人為的なCO_2排出実質ゼロ）にすることです。化石燃料を使わない脱炭素化ともいわれています。今世紀後半に２℃未満に抑えるには、より早い時期から1.5℃に抑える努力をする必要があります。２℃上昇に近づけば、気温上昇が暴発して、止められなくなる危険性が高いからです。

　２℃未満、できれば1.5℃に抑えるという目標を、気候変動枠組条約の締約国（196ヵ国）が一致して明確にしたところに、「パリ協定」の意義があります。しかも、CO_2排出の１位と２位の中国とアメリカ（併せ

て43％排出、2016年）が積極的に関与して速やかな発効にこぎつけました（その後、トランプ政権のアメリカは、「パリ協定」から離脱を表明）。

　「パリ協定」は、各国がこの目標に沿って自主的目標を立て、それを5年ごとに見直すことも決めました。「野心的」目標をたてることが課題だからです。各国は、2050年に向けた長期目標とそれを実現する「長期戦略」を2020年までに提出することになりました。

（2）2つの重要な報告書

　「パリ協定」が動き出す2020年を前にして、2つの重要な報告書が出されました。ひとつは、2018年10月に開かれたIPCCの総会で公表された「IPCC 1.5℃特別報告書」です。もうひとつは、国連環境計画がCOP25直前に公表した「排出ギャップ報告 2019」です。どちらも、各国が「約束草案」として提出したCO_2の削減目標はきわめて不十分なもので、「野心的」にひきあげる必要があることを訴えています。

　IPCCの報告書は、2017年の時点で、気温は産業革命前から約1.0℃あがっており、現在の割合で温暖化が進行すれば、2030〜52年の間に1.5℃に達する可能性が高い（66〜100％の確率で）ことを指摘しています。1.5℃上昇に抑えるためには、CO_2排出量を2030年までに2010年比で45％削減して、2050年には人為的なCO_2排出実質ゼロを実現する必要があることを訴えています。

　国連環境計画の報告書は、土地利用の変化を含む温室効果ガスの総排出量が2018年に553億トンに達し、そのうち、G20の国々が約78％を排出していることを指摘しています。そのうえで、産業革命から1.5℃以内に抑えるには、温暖化ガスの排出量を2020年から30年の間に前年比で年7.6％減らす必要があると指摘しています。さらに、報告書を公表したときのプレスリリースでは、各国が自主的に立てた中期目標では、「気温は3.2℃上昇すると予想され」、1.5℃以内に抑えるためには、これからの10年間に目標を5倍以上にひきあげる「野心的」な取り組みが必要であることを訴えています。

　どちらの報告書も、予想以上に温暖化の進行が早いこと、1.5℃以内に抑えるには、ここ10年間の取り組みが鍵をにぎることが力説されています。「パリ協定」では、今世紀後半に人為的なCO_2排出実質ゼロを達成する必要を提起していましたが、両報告とも、それでは不十分で、2050年までに人為的なCO_2排出実質ゼロを達成する必要があることを明確にしています。

　グテーレス国連事務総長が「がっかりしている」と語ったのは、COP25が両報告を前提にした「野心的」目標を立てることに合意が得られなかったからです。「あきらめない」と述べたのは、事務総長という立場を自覚した発言であるとともに、「野心的」な長期目標を再提示する「気候野心連合（CAA）」が121ヵ国にのぼったことも大きいでしょう。

　環境危機にたいして、オーストラリアのデアビン市が、2016年12月に始めて「気候非常事態宣言」をしました。国家としては、イギリスが最初になります。2019年5月のことです。アイルランド、ポルトガル、カナダ、フランスで「気候非常事態宣言」が採択されています。日本でも、国会で「気候非常事態宣言」の決議を目指す超党派の議員連盟が発足しました。「野心的」な目標づくりに貢献するワンステップになるのか、ムードを醸し出すだけの決議に終わるのか、注目したいところです。

　自治体レベルでは、2019年8月29日現在、18カ国、970の自治体が非常事態宣言をおこなっています。世界的に、7000以上の高等教育機関が宣言に参加しています。日本でも、長野県や堺市、鎌倉市などが非常事態宣言をおこなっています。若い世代の運動である各地の「未来のための金曜日」も、自治体にたいして非常事態宣言をおこなうよう働きかけています。

　1980年代前半に、東西冷戦のなかで、ヨーロッパでは、「核の冬」「核の夜」が議論され、核シェルターがつくられるなど、核戦争が現実味をもって語られるようになった時期がありました。数十万人規模のデモもヨーロッパ各地でおこなわれました。そのような状況のなかで、1982年に、マンチェスター市が「非核都市宣言」をおこないましたが、この宣

言は、運動として欧州の自治体に広まっていきました。その運動に呼応して、日本でも、「非核都市宣言」をする運動が強まり、多くの自治体が「非核都市宣言」や「平和都市宣言」をした経験があります。

　同じように、自治体にたいして「気候非常事態宣言」を要請する運動を取り組むことも大切です。

3　世界はどのように取り組んでいるのか

（1）「気候野心連合」

　「気候野心連合（CAA）」は、2019年9月に開かれた国連の気候行動サミットで、COP25の議長国、チリのピニェラ大統領のイニシアティブで発足しました。小泉進次郎環境大臣が始めて国際会議にデビューして、評判の

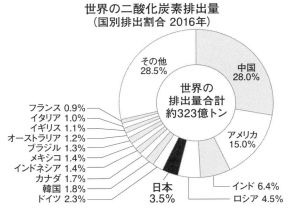

世界の二酸化炭素排出量
（国別排出割合 2016年）

世界の排出量合計 約323億トン

その他 28.5%
中国 28.0%
アメリカ 15.0%
インド 6.4%
ロシア 4.5%
日本 3.5%
ドイツ 2.3%
韓国 1.8%
カナダ 1.7%
インドネシア 1.4%
メキシコ 1.4%
ブラジル 1.3%
オーストラリア 1.2%
イギリス 1.1%
イタリア 1.0%
フランス 0.9%

出典：EDMC／エネルギー・経済統計要覧2019年版
資料出所：全国地球温暖化防止活動推進センター

悪かったあの会議です。COP21のさいに、アメリカや日本も参加してつくられた「高い野心連合（HAC）」とは異なります。

　「気候野心連合」は、2050年までに人為的なCO_2排出実質ゼロを実現するために、2020年の排出削減の国別目標（NDC）を見直して、より「野心的」に目標引き上げをめざしています。COP25の事務局は、「気候野心連合」が121ヵ国にのぼると発表しました（2019年12月現在）。ほかに、15州・地域、398都市、786企業などが賛同しているといわれています。

　しかし、残念なことにCO_2排出の多いG20のなかで「気候野心連合」に参加しているのは、EUや韓国、メキシコなど限られています。日本

は、2019年6月に、「長期戦略」として、今世紀後半のできるだけ早い時期に温室効果ガスの排出量を実質ゼロとする「脱炭素社会」を目指し、2050年までに、80％の削減に取り組むという目標を立てていましたが、2019年に開かれた国連気候行動サミットでも、COP25でも「野心的」な長期目標の再提示を表明しませんでした。「気候野心連合」にも加わっていません。

（2）欧州連合（EU）

　COP25の期間中に、欧州委員会は「グリーンディール」を発表しました。「グリーンで包括的な経済」を創造するEUの「新しい成長戦略」です。2050年までにCO_2を含む温暖化ガスの排出を実質ゼロにすることが柱になっています。

　「グリーンディール」は、EUが1990年から2018年にGDPを61％増加させながら、1990年比でCO_2を23％削減したという経験を踏まえてつくられたものです（石炭への依存度が高いポーランドは反対しました）。

　2050年に人為的なCO_2排出実質ゼロを達成するために、2030年までの温暖化ガスの排出削減目標を、現在の40％削減目標から少なくとも50％削減目標に引き上げることや、公共部門と民間部門併せて2600億ユーロ（約31兆円）規模の投資をすること、さらにはEU域外からの輸入品に国境炭素税を適用することを掲げています。

　2020年3月には、EUの欧州委員会は、CO_2の排出量を2050年までに実質ゼロにする目標を掲げた「欧州気候法案」を発表しています。

（3）アメリカ

　アメリカのクリントン民主党政権のゴア副大統領は、COP3にのり込んで「京都議定書」を採択するのに貢献しましたが、ブッシュ（子）共和党政権はけっきょく批准しませんでした。オバマ民主党政権は、CO_2削減のための「グリーン・ニューディール」政策を掲げ、中国とも共同歩調を取って「パリ協定」には積極的でしたが、トランプ共和党政

権は2017年に「パリ協定」からの離脱を表明し、COP25の直前の2019年11月5日に正式に離脱を通告しました（正式な手続きが完了するのに1年以上かかりますので、実際に離脱できるのは、次期アメリカ大統領選挙が終わった直後になります）。

　民主党が温暖化対策に積極的で、共和党が消極的かというと、かならずしもそうではありません。民主党のなかにも、石炭業界と結びつきの強い議員もいるからです。国家レベルでは、今のところ「パリ協定」に後ろ向きの姿勢をとっていますが、州や自治体、企業、大学のレベルでは、温暖化問題への熱心な取り組みもみられます。

　人口とGDPでアメリカのおよそ3分の1を占めるワシントン州・ニューヨーク州・カリフォルニア州が、トランプ大統領が「パリ協定」からの離脱を表明したその日に、パリ協定目標に取り組む「アメリカ気候同盟」を結成し、オバマ政権が掲げた2025年までに2005年比で26～28％を削減するという目標にコミットしました。アメリカ気候同盟には、12州が参加し、11州が支持しています（2016年5月現在）。

　またその直後には、「私たちはまだ（パリ協定）にいる（We Are Still In)」という宣言が出されました。宣言には、10州、287市・郡、2234の企業と投資家、353大学が参加しています。人口にして1億5860万人、経済規模も9兆4600億ドルに相当する規模になっています（2020年1月14日現在）。

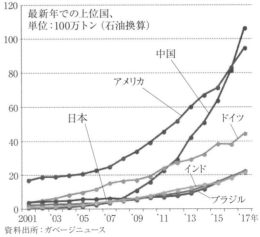

自然エネルギー発電による電力消費量

最新年での上位国、
単位：100万トン（石油換算）

資料出所：ガベージニュース

（4）中国

　中国は、2003年にはCO₂排出量は約41億トンで、世界第2の排出国でしたが、2016年には、約90.5億トン

と２倍以上増え、アメリカを抜いて世界第１の排出国となっています。

　ただ、自然エネルギーにも力を入れています。図をみてもわかるように、2001年から2016年までに約４倍ほど急速にのばしていて、世界１の自然エネルギー大国となっています。電気自動車（プラグイン・ハイブリッドや燃料電池車も）の普及にも力をいれ、世界の電気自動車の４割を占めるまでになっています。

　中国は、「パリ協定」で、CO_2排出量を2030年前後までに減少に転じさせると約束しています。2018年に開かれたCOP24でも、目標を「上回る結果を出すために力を尽くす」と述べました。

　しかし、一番の問題は、GDP当たりのCO_2排出を2030年までに2005年比で60〜65％削減すると約束していることです。このような削減基準は中国だけのものです。これでは、経済成長が続けば、CO_2排出も増加することになってしまい、CO_2の総量を削減することにはつながりません。人為的なCO_2排出実質ゼロを2050年までに目指そうとするならば、基準そのものを変える必要があります。CO_2の総量規制を明確にすることです。基準の変更なしには、いつまで経っても、人為的なCO_2の排出実質ゼロを達成することはできないでしょう。

（5）小島嶼国連合

　太平洋、インド洋、大西洋の小島嶼国からなる国家連合です。43の国が参加しています。小島嶼国には、サモアやトンガなどの火山島もありますが、ツバルやパラオなどのサンゴ礁からなる低地国もあります。ツバルは、平均海抜が1.5メートル（最高地点は4.5メートル）しかありません。低地国のなかには、海面上昇による存続の危機に直面する国もあり、すでに、ツバルでは、ニュージランドへの移住も始まっています。

　CO_2排出のもっとも少ない国々が温暖化の影響にもっとも脆弱であって、温暖化の被害を蒙るというのは、気候正義に反することになります。COPで小島嶼国連合は近年発言力を強めていますが、それは、切羽詰まった、しかも道理ある主張にもとづいているからです。43の国と地域

の連合というのは、気候変動枠組条約締約国196ヵ国の2割強を占めていることも発言力を大きくしています。

（6）日本

「パリ協定」にもとづいた「地球温暖化対策計画」を政府が閣議決定したのが、2016年5月のことです。中期目標として、2030年までに、温室効果ガスを2013年比で26％削減、長期的な目標として、2050年までに80％削減するというものでした。

「1.5℃特別報告書」が出て、各国の自主目標では、気温は3.2℃上昇すると予想されることから、1.5℃以内に抑えるためには、国連の「気候行動サミット2019」で、各国は目標を「野心的」に引き上げる必要があることが要請されていました。それを前にして、安倍首相は、有識者懇談会（パリ協定長期成長戦略懇談会）を開催し、2019年4月には、「提言」が出されました。

具体的目標は、2016年に出された閣議決定と同じで、国連が要請していた「野心的」な目標にひき上げるものではありませんでした。そればかりか、懇談会の北岡伸一座長案にあった、石炭火力発電の長期的全廃方針が消されました。このことは、議事録も公開されない2度の非公式会合によっておこなわれました。

2019年の国連の気候行動サミットに安倍首相は出席してはいません。もちろん、日本は「野心的」な目標に引き上げることもしていません。就任したばかりの小泉進次郎環境大臣が出席しましたが、日本を名指しして火力発電に反対するデモに見舞われましたし、「セクシー」発言をおこない物議をかもしただけでした。

経済成長を最優先に据えた安倍政権のもとで、石炭火力発電については、2012年以降、国内では15基の石炭火力発電が稼働し、22基が計画中です。海外へのプラント輸出にも熱心で、インドネシアやインド、ベトナムなどに輸出されています。国際的な批判を浴びて、批判をかわすために、多少修正の動きも出ています。

　世界銀行や欧州復興銀行、アフリカ開発銀行は、すでに石炭火力発電には金融支援をしないことを表明していますが、反対に、日本の３大メガバンクは、火力発電開発企業への融資額の世界第１〜３位になっています。その融資額は世界のトップ30行による融資額の40パーセントにあたるといわれています。これは、国際的なNGOがCOP25開催中に発表したデータです（気候ネットワークによる報告）。

　日本政府は効率の良い石炭火力発電を推進することは、温暖化対策に貢献すると主張していますが、国連や国際的なNGOから、批判の的になっています。国際社会の認識は、温暖化を止めるためには、人為的なCO_2の約３割を占める火力発電に大ナタをふるう必要があるということで一致しているからです。それでも、日本が石炭火力発電にこだわるのは、石炭はエネルギー源としては安いからです。

　燃焼効率を高めることでCO_2の削減に貢献すると言っていますが、効率が良くても、いまのところせいぜい１〜２割の削減です。火力発電所が建設されれば、30〜50年間は稼働することになるはずですが、これでは、人為的なCO_2を2030〜50年までに実質的にゼロにするというIPCCや国連の要請に応えることはできないでしょう。

　2030年代には、CO_2を回収したり、地中や海中に貯蔵する二酸化炭素貯留（CSS）技術が実用化の段階にこぎつけるでしょうが、コストの面で石炭火力発電に活用することはおそらく無理と思われます。自然エネルギーと蓄電池を組み合わせた技術の方が石炭火力発電よりも安くなるからです。

　原発も、同じ理由が見え隠れしています。3.11後、国民の意識は脱原発に向かっているのに、電力会社が原発に固執するのは、膨大なコストをかけてつくった原発の耐用年数があるうちは使いたいという経済的理由からです。安全基準が厳しくなり、そのための設備投資をしても採算がとれないところは廃炉にされています。

　さらに、テロ対策の工事費用が膨大にのぼり、設備投資をして再稼働になかなか踏み切れなくなってきています。表には出てきていませんが、

その背景には、アメリカが原発のテロ対策を強く求めてきていることがあるでしょう（これまでもアメリカの要請はありましたが、日本は曖昧にしてきました）。原子力規制委員会がテロ対策で強い姿勢を打ち出しているのは、アメリカとの関係で先送りできなくなってきたからだと推測されます。

　原発も、火力発電も、電力会社は経済的コストの面から判断しているわけです。

（7）NGO、非国家アクター

　国連は、NGO（非政府系組織）を「重要なパートナー」とみなしていますが、COPでも、ロビー活動を含めてNGOは重要な役割を担っています。NGOは、温暖化を止めるための運動とともに、実態の調査・分析や情報の提供・交換をおこなっています。国際的には、温暖化を止めるための市民運動の中心になっているNGOは、気候行動ネットワーク（CAN）で、120ヵ国以上、およそ1100にのぼるNGOが参加しています。あの「化石賞」を授与しているところです。

　日本では、「気候ネットワーク」は、温暖化問題に特化したNPO・NGOですが、環境NGOやNPOで温暖化問題を取り上げている団体もたくさんあります。「WWF（世界自然保護基金）ジャパン」や、「グリーンピース ジャパン」「地球環境市民会議（CASA）」「環境エネルギー政策研究所（ISEP）」「FoE（地球の友）ジャパン」など、15の団体（2020年1月現在）が「CAN-Japan」をつくっています。

　運動の根拠づけをあたえる「原発ゼロ・エネルギー転換戦略」が、2019年7月に発表されました。明日香壽川、飯田哲也らの研究グループがまとめたものです。データに基づいて、「原発・化石燃料依存が続けば日本経済は沈没」すること、地方分散型の再生可能エネルギー100%を目指すことによって経済発展も脱温暖化も実現することを、具体的数字をあげて展望しています。「日本版グリーンニューディール」と言ってよいでしょう。

　高校生グレタさんの「学校ストライキ」から始まった若者たちの「明日のための金曜日（FFF）」のマーチ運動も世界的に広まっています。それに呼応して、日本でも、「明日のための金曜日」のマーチが東京や名古屋、大阪、福岡など、各地で生まれ、拡がっています。

　企業の温暖化の取り組みとしては、国際的なNGO「クライメートグループ」などの活動があります。これは後述しますが、企業が温暖化を止める取り組みに参加することはきわめて重要です。

　NGOだけではなく、温暖化を止めるには、自治体や企業の活動も重要になります。これらは、「非国家アクター」と呼ばれています。先に紹介したアメリカの「私たちはまだ（パリ協定）にいる（We Are Still In)」の運動も、非国家アクターの運動です。温暖化を止めるには、政府間の交渉だけではなく、非国家アクターの運動が決定的に重要になります。

4　温暖化対策でせめぎ合う生活の論理と資本の論理
（1）近視眼的な利潤追求に走る資本の論理

　気候変動枠組条約が発効してから25年、なぜ、遅々として進まなかったのでしょうか。グレタさんは、温暖化問題を議論するだけで、真剣に取り組もうとはしない事態にしびれをきらした批判をしていますが、なぜこのような事態になるのでしょうか。

　最大の理由は、工業国の経済を支えている重化学工業が大量のエネルギーを必要としているからです。そのために、化石燃料が用いられてきました。化石燃料の使用は、二酸化硫黄（SO_2）や二酸化窒素（NO_2）の排出による深刻な大気汚染をもたらし、深刻な健康被害をひきおこしてきました。日本では、「公害」とよばれました。

　工業化による経済活動は、資本主義のシステムのもとでおこなわれています。資本主義は、利潤を最大化して、資本を蓄積しようとする資本の論理によって動いています。

　資本の論理を特徴づけているのは、利潤第一主義です。利潤をあげる

地球温暖化とグレタさんら、若者の運動

山下 詔康

　近年、地球温暖化やその影響をうけた異常気象は、毎年各地で甚大な被害を起こしています。しかし、地球温暖化は、地球の平均気温で見ると微小変化で、この100年間で「0.74℃上昇」したとされています。これは正確な観測結果ながら、微小変動で分りにくいと思います。

　ところが、この微小変化も地球規模で合算すると、巨大エネルギーの大変動になります。そして、このまま温暖化が進むと「水と食糧不足」「生物の絶滅危惧種」が増え、地球は取り返しがつかなくなるといわれています。これが、国連や「IPCCの警告」です。重く考えさせられます。

　IPCCの報告によって、地球の平均気温の上昇は、ほぼ人間活動（化石燃料の大量消費など）によることが明確にされています。しかし、「IPCCの警告」にもかかわらず、温暖化対策は停滞し、逆流も目立ってきています。

ことに徹底しなければ、企業は市場で競争に負けてしまうからです。そのために、労働者を「合理的」に搾取し、自然を収奪します。

　資本主義は、利潤を最大化するために、労働者を長時間働かせようとします。女性や子どもも例外ではありません。マルクスは、『資本論』の「労働日」のところで、資本主義の最先端を走っていたイギリスの実態を告発しました。そして、まとめとして、次のように述べています。

　『わが亡きあとに洪水は来たれ！』これが、すべての資本家、資本家国の標語なのである。だから、資本は、労働者の健康や寿命には、社会によって顧慮を強制されないかぎり、顧慮を払わないのである。

　ここには、２つのことが語られています。
　ひとつは、資本の論理は、利潤追求がすべてであって、それ以外のこ

　そのようななか、最近注目されるのは、スウェーデンのグレタ・トゥーンベリさん（高校生で気候活動家）の、早急に温暖化対策をとの強い訴えと、これに呼応した若者の「地球をまもれ」「未来をまもれ」という訴えや行動です。

　これは数百万人の大デモにも広がりました。グレタさんは国連でも、各国首脳や代表に厳しく訴えました。「科学が明確にした気候危機のなかで、あなた方はお金や経済成長の話ばかり」、と。これは事実そのもので、反論できた首脳はいませんでした。

　彼女の発言は理路整然（科学やIPCCの結論が土台）、堂々として輝いて見えました。これら世界の若者の立ち上りは、テレビなどで、繰り返し報道されました。日本の若者の参加も広がっているようです。地球温暖化の被害をもっとも受けるのは、世代では、若者と思われます。それだけに、立ちあがる若者――これが大きな潮流になってきたことに、私も感動し、尊敬の気持ちで共鳴しています。

とには関心がないということです。「わが亡きあとに洪水は来たれ！」という言葉は、「労働者の健康や寿命」が脅かされようと、環境が破壊されようと、温暖化が起ころうと、利潤追求に血眼になっている私（資本家）が亡くなったあとに、そういったことは「来たれ」というのです。資本家みずから態度を変えて、急に善人になるようなことがないことをマルクスは指摘しているのです。

　もうひとつは、このような資本家の態度を変えるのは「社会」であることをマルクスは指摘していることです。「社会によって顧慮を強制」することによって、資本家の態度を変えさせることも可能になります。ここで言われている「社会」とは、人々が協力しながら社会生活をしている社会を意味しています。生活の論理と言い換えてもよいでしょう。労働時間の短縮や労働諸条件の改善などは、労働者の運動が社会的に拡がって、世論にも支持され、「社会によって顧慮を強制」されることに

よって実現してきました。

　温暖化問題でも、同じことがいえます。資本の論理は、重厚長大な重化学工業を支えるエネルギーとして、CO_2を排出する化石燃料にしがみついています。化石燃料（とくに石炭）は安いからです。「社会によって顧慮を強制され」なければ、自ら進んで化石燃料を手放すことはないでしょう。

（2）公害のときもそうだった

　1960年代後半に、日本が「公害列島」化したときもそうでした。カラスの泣かない日があっても、新聞に公害の記事が載らない日はないといわれるほど、工場のあるところ、空はスモッグで覆われ、河川は茶褐色に濁り、土壌は汚染されました。日本のあちこちで、公害が深刻化していたのです。

　このときの自民党政府は、健康に害を及ぼすような「強い公害」は規制するとしても、多少の公害は経済成長のために大目に見ようとしました。また、公害は技術によってひき起こされたものであるので、技術のイノベーションによって解決できると考えていました。

　そのような政府の態度にたいして、公害によって健康被害を受けた被害者を中心に、地域住民の運動、市民運動がそれでは駄目だということで、公害反対運動を繰り広げました。良心的な研究者は、データを集めて公害の実態を暴き、運動を後押ししました。マスコミも被害を告発しましたし、世論も運動を支持しました。公害反対の運動があって、世論の支持が広がり、環境基準が定められて環境は改善されてきたのです。

　政府・財界と公害反対運動のせめぎ合いのなかで、1970年の「公害国会」で、大気や水質や土壌の基準などを定めた環境関連14法が決められ、環境は大いに改善されていきます。「社会によって顧慮を強制され」たわけです。環境保護は、つねに自然を収奪して利潤をあげようとする資本の論理と、環境や生活を護ろうとする生活の論理とのせめぎ合いのなかで、環境や生活を護るためのルールがつくられ、経済活動のうちに組

み込まれることによって護られてきたといえます。

　公害反対運動や環境保護運動において貫かれているのが、生活の論理です。環境や生活を護る基準が法的に定められ、それが経済活動のルールとして資本の論理を規制していくことになります。資本の論理も、こういったルールを踏まえたうえで、利潤を最大化しようとすることになります。

（3）環境問題でのせめぎ合いと環境原則のルール化

　このせめぎ合いをとおして、環境保護のための法的規制やルールがつくられ、被害者救済がなされてきました。1970年代以降、環境保護のための法的制度につながるものとして、次のような考え方が国際的に確立されていきます。

　第1は、発生源防止の原則です。これは、汚染物質を発生源から絶つという原則です。工場から出される煤煙や排水、自動車の排ガスの規制は、環境汚染を発生源から食い止めるという考え方によって基準値が定められ、規制されました。日本の産業公害の対策においても重視された考え方です。

　第2は、未然防止の原則です。これは、環境汚染がひき起こされることが事前に分かっている場合、被害が生じる前に環境汚染を防止するという考え方です。

　第3は、汚染者負担の原則（PPP）です。これは、汚染をひき起こしたものが汚染された環境を修復する義務を負うという考え方です。日本では、被害者救済も含まれ、「日本的PPP」ともいわれています。

　第4は、予防原則です。これは、不可逆的リスクがある場合には、科学的データに細部にわたる不確かさがあるとしても、予防的対策をとるべきであるという考え方です。フロンガスの規制や温暖化対策など、国際的な取り組みを支えてきた考え方になります。

　第5は、拡大生産者責任の考え方です。これは、消費のあとに排出される廃棄物にたいしても生産者が責任を負うという考え方で、廃棄物が

環境問題でもあるという自覚が高まるなかで確立された原則です。しかし、日本の廃棄物行政では、消費の後の出される廃棄物については消費者に責任があるという考え方が根強くあり、生産者の責任は不十分なままにとどまっています。

上述の５つの原則のうち、拡大生産者責任の考え方をのぞいては、EUの創立を定めたマーストリヒト条約（1992年）の第130条r項で、「欧州の環境政策は、予防原則および未然防止、汚染者負担、発生源原則にもとづかなければならない」と定められています。ここに拡大生産者責任が入っていないのは、この考え方が確立されたのが1990年代になってからという事情がありました。これらの原則はいずれも、生活の論理にもとづいた社会的運動や社会的な「顧慮」によって獲得された原則といえます。

これらの環境原則は、経済活動に内在化されています。EUでは、環境保護をルール化して、それを踏まえた経済活動がおこなわれています。資本の論理がその枠内で、利潤の最大化を目指しているのはいうまでもありません。

（４）温暖化問題をめぐるせめぎ合い

環境問題の解決には、「社会によって顧慮を強制され」たわけですが、温暖化問題も同じです。

温暖化問題が深刻な問題になっているのは、人類の生存や生活の諸条件を根本的に変えるからです。気温があがれば、生態系や植生が変化し、農作物の適地が変わって、農業の営みも変わります。海面が上昇すれば、住居や農地が海水下に沈み、住めない地域がでてきます。異常気象がおこれば、生命や生活が脅かされます。人類の生存や生活を脅かす事態が、温暖化によってつくられてきています。

国際的なNGO・市民社会も人々が生活するという視点から、考え、行動しています。グレタさんが「若い世代」「未来の世代」から「大人たち」を告発するのも、自分たちやその子供の生存や生活を想いやるか

らです。いずれも生活の論理にもとづいて、温暖化を食い止めようと努力し、運動しています。

　近年、「気候正義」ということが強く主張されるようになってきました。「気候の公平性」ともいわれます。工業先進国が化石燃料を大量消費してきたことによって地球が温暖化し、その結果もろに被害をうけるのは、小島嶼国の人々や、農業や漁業など天候や自然に頼った生活を営む途上国の人々、とくに貧困層です。これは、正義に反することになります。

　気候正義は、「環境正義」の概念を引き継いだ考え方です。環境正義は、環境汚染、環境破壊の人間への健康被害は、まず病人や子供、高齢者、低所得者、マイノリティなどの社会的な弱者が環境汚染のしわよせを真っ先に受けることにたいして、良好な環境の享受の公平さを主張する運動です。社会的弱者の生活とその人権を擁護する視点から、1980年代のアメリカで、有害廃棄物が低所得者、有色人種、マイノリティの居住地近くに廃棄されることにたいする反対運動として展開されてきました。環境正義の運動は、生活の論理にもとづいています。

　温暖化を気候正義の視点からとらえるのも、温暖化によって被害を蒙る人々の生活と人権を護ろうとするからです。生活の論理にもとづいています。

（5）なぜ、EU は温暖化を止めるのに熱心なのか

　それでは、同じ資本主義国でありながら、資本の論理によって動いているはずのEUが温暖化を止めることに熱心なのは、どうしてでしょうか。EUにおいても、当然、温暖化問題をめぐる生活の論理と資本の論理のせめぎ合いがあります。EUの場合、歴史のなかで積み重ねられてきた生活や文化の伝統が根づいていて、生活の論理にもとづいた考え方が広く普及しています。それにもとづいた社会的運動も活発です。「社会」によって、温暖化問題を資本の論理が「顧慮」するように「強制」されているからです。

温暖化を止める政策が決まるまでは、資本の論理は利潤を最大化するために抵抗したとしても、政策化され、ルール化されると遵守することになります。自然エネルギーや省エネ製品、バイオ生産など、温暖化を止める政策を積極的に受け入れて、その政策の方向に沿って利潤をより増やそうとする企業もでてきます。

ドイツのメルケル政権が、3.11後、脱原発に舵をきったときのことがとても参考になります。ドイツでは、チェルノブイリの過酷事故後、脱原発の運動が強く、それを背景にして社民党と緑の党の連立政権が脱原発に踏み出しましたが、メルケル政権は、温暖化防止のためには原発が必要というEUの雰囲気（「原子力ルネッサンス」といわれました）のなかで、一度は原発容認に踏み切りました。

だが、3.11のフクシマの過酷事故を経験して、倫理委員会を立ち上げて議論をおこない、脱原発を再決断しました。そのさい、委員へのインタビューやパネルディスカッションをテレビで16時間にわたっておこなうなど、徹底して民主主義的な議論を積み重ねるなかで、脱原発の途を選択しました。公開のなかで、徹底して民主主義的に議論を尽くしたことが、脱原発への決め手となりました。

環境問題でも、温暖化問題でも、民主主義的に議論をつくすことが重要です。そうすれば、近視眼的な利潤追求よりも、環境保護や温暖化防止がより大切な課題であることが明らかになります。環境問題も温暖化問題も、経済活動のなかでひき起こされてきた問題ですので、近視眼的な利潤追求に走れば、環境や温暖化の問題は二の次、三の次になります。

EUは、両者を二者択一的にとらえるのではなく、生活の論理にもとづいて環境保護の視点を経済活動のなかに取り入れ、「環境と経済の統合」ということを重視して、そのなかで経済も発展させてきました。「環境と経済の統合」の視点は、1992年に開催されたリオの地球サミットの「アジェンダ21」の第8章で提起されたものです。この視点から温暖化対策をおこなうなかで、経済を成長させてきたという自負がEUにあることが、「グリーンディール」政策を読んでみてもわかります。

（6）産業構造の大転換は可能か

　2050年までに、人為的なCO_2排出をゼロにする脱炭素化を図るために
は、産業構造を大きく転換する必要があります。

　そのひとつは、エネルギー部門と運輸部門の大転換です。化石燃料を
自然エネルギーに転換し、ガソリン自動車を電気自動車もしくは燃料電
池自動車に転換をすることです。そうすれば、確実に人為的なCO_2排出
はゼロにすることができます。IPCCの「1.5℃特別報告書」が提起した
のは、エネルギーを化石燃料に依存することから脱却する脱炭素化です。

　もうひとつは、原料面における脱炭素化です。重化学工業のなかでも、
石油化学工業は代替可能な産業です。農薬やせっけん、プラスチック、
合成繊維、有害な、あるいは有害性を疑われる食品添加物などは、石油
から精製するエチレンからつくられています。これらをつくるためには、
膨大なエネルギーを消費します。これらの石油化学工業の生産物は、有
機化合物である以上、エチレンによらなくとも、技術的には植物から、
とりわけ生物の酵素を媒体にして生産することができます。酵素を媒体
にした生産（発酵生産や酵素生産）は、多大のエネルギーを必要としな
いで、常温・常圧でおこなわれますので、「環境調和的」な生産になります。
石油化学工業を他の生産方法で代替することは産業構造の大きな転換を
意味しますが、これもCO_2排出を大幅に抑えることができるでしょう。

　産業構造の転換なしには、脱炭素化は実現できないでしょう。脱炭素
化を2050年までに達成するためには、CO_2排出量を2030年までに2010年
比で45％削減する必要があることが提起されています。温暖化の取り組
みが、ここ10年間が勝負といわれるのも、早期に、必要な削減量の半分
の削減に取り組むことが重要だからです。そのためには、CO_2排出のお
よそ30％を占める石炭火力発電から早期に撤退することが不可欠になり
ます。これが、IPCCや国連事務総長の認識です。

　世界の温暖化対策をリードしてきたドイツは、2016年の「気候変動ア
クションプラン」で、長期目標として、2050年までにCO_2排出量を95％
削減する目標を設定し、そのために、2030年までに産業界は20％削減、

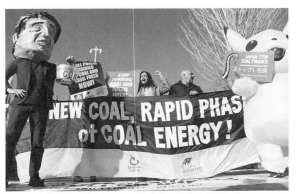
COP25会場付近で響く日本の石炭輸出に対する批判の声

エネルギー業界は50％削減すること決めました。それにたいして、ドイツ産業界からはプランが発表されたときから反対の意見が相次ぎましたし、政策決定後にも、産業連盟は反対の見解を述べています。ドイツでも、温暖化対策は、資本の論理と生活の論理のせめぎ合いのなかでおこなわれていることがわかります。

　2019年のCOP25の直前にドイツ環境庁は、目標を上乗せするさらに「野心的」なシナリオを検討していることを発表しました。それによると、2050年までに、1990年比で97％削減すること、そのために、脱石炭を2040年までに達成するというものです。自然エネルギーも2030年までに80％、2040年には97％にする見通しをたてています。

　ドイツだけではなく、温暖化対策に熱心な国は、温暖化問題をめぐる資本の論理と生活の論理のせめぎ合いのなかで、政府が温暖化を止めるための政策に熱心に取り組んでいます。産業構造の転換は、自然におこなわれるものではなく、政府が音頭をとらなければ進まないからです。たんに「温暖化対策に取り組んでいます」と言うだけではなく、気候危機という非常事態を真剣に受け止めて、「温暖化を止める」という課題に真正面から取り組む姿勢が政府には求められているといわなければなりません。

（7）温暖化問題に取り組む企業も増えている

　欧米を中心に、産業界のなかでも、温暖化対策に取り組む企業が増えてきていますし、国際的には企業を取り込むさまざま運動があります。

　そのひとつに、2014年にWWF（世界自然保護基金）や国連グローバル・コンパクト（UNGC）などが共同で設立した「科学的根拠に基づく目標（SBT）」があります。上昇を世界の平均気温の2℃未満に抑えるために、企業に対して科学的な知見と整合した削減目標を設定するよう求めるイニシアティブです。1.5℃もターゲットにしています。47ヵ国で約670の企業が参加しています（2019年10月現在）が、参加（コミット）しても、基準を満たさなければ、認定されません。

　1990年代に環境問題がクローズアップされたさいに、企業は環境にやさしい企業であることをさかんに売り込みましたが、賢い消費者の眼にさらされるなかで、ムードだけではなく、しだいにエコ商品づくりに取り組む企業が増えてきたという経緯があります。

　SBTの認定を受ければ、企業価値をアピールしたり、投資を受けやすくなるなど、企業にとってメリットが高まりますので、日本の企業はSBTイニシアティブに積極的にかかわろうとする企業が増えていますが、実際はどうなのか、企業の温暖化問題への取り組みを厳しい眼で評価していく必要があります。WWFジャパンが評価している各分野ごとの『企業の温暖化対策ランキング』はとても役に立ちます。ネットで一度アクセスしてみるのも面白いでしょう。

　環境NGOの「クライメートグループ」は、「RE100」に取り組んでいます。これは、企業が事業運営を100％自然エネルギーで調達することを目指すプロジェクトです。事業のエネルギー効率を倍増させることを目指す「EP100」にも取り組んでいます。「日本気候リーダーズ・パートナーシップ」は、クライメートグループとパートナーシップを結んでいます。

　金融や投資にかんしても、グリーン・ファイナンスや環境・社会・ガバナンスを重視したESG投資の考え方が普及してきましたが、2000年にイギリスで創設された国際NGOの「CDP（炭素情報開示プロジェクト）」は、環境戦略や温室効果ガスの排出量の開示を求めるプロジェクトをおこなっています。WWFジャパンの池原庸介氏によると、「2016年の時

点で、加盟する機関投資家は826社。市場規模に換算すると、100兆米ドルにのぼる」と言われています。

　クライメートグループもCDPも、「We Mean Business（私たちは真剣だ）」のメンバーです。これは、企業や投資家の温暖化対策を推進している国際機関やシンクタンク、NGOがメンバーとなって運営しているプラットフォームで、640の企業が参加しています（2017年11月現在）。

　このように、温暖化を止めるために動き出した企業も少しずつ増えてきています。温暖化を止めることを企業理念として受け入れて、そのルールに則って利潤を最大化しようとしています。もっとこの傾向が強まれば、産業構造を変えていくことにつながる可能性があります。個々の企業が企業価値を高めるために、温暖化対策に取り組む姿勢を見せているのか、真剣に取り組んでいるのかを見極める評価の視点が大切になります。

　かつて、企業の不祥事が増えるなかで、「経営倫理」や「企業倫理」が企業の社会的責任として課題になったことがありました。テキサス・インスツルメンツ社の「経営倫理」（1990年）には、「受注、売上げあるいは利益追求を求めるあまり、倫理原則を曲げてはなりません。…期待通りの収益をあげることと、倫理的に正しい行為のどちらかの選択を迫られた場合、私たちはもちろん迷わず正しい行為を選びます」と明記されていますが、温暖化問題でも、このような明確な経営倫理が企業の社会的責任として求められています。

おわりに——資本主義経済のあり方が問われている

　温暖化問題は、他の環境問題と同じように、資本主義の経済活動との関係で生まれたものです。経済活動のあり方を変えなければ、温暖化を止めることはできません。しかし、資本主義の経済システムは、利潤第一主義の資本の論理で動いていますので、温暖化問題になかなか対応できてはいません。

　EUは、温暖化対策を経済のシステムに取り入れて、化石燃料に依存

したエネルギー構造を転換しようと努力していますが、トランプ政権は、温暖化は「フェイクニュース」だとまで言って、むきだしの資本の論理に則った経済運営をしています。安倍政権も、日本を「世界で一番企業が活躍しやすい国」にすると言って、財界べったりの経済政策をおこなってきました。温暖化対策も、経済界に追従しています。

　むきだしの資本の論理が横暴にふるまうようになってきたのは、新自由主義が跋扈し始めた1990年代になってからです。新自由主義のイデオロギーは、経済活動にたいする規制を排除して、資本の論理が活動しやすいようにしようという考え方です。このイデオロギーのもとで、これまで働く者が人間として、生活者として、自らの生命と生活を護るためにたたかって獲得してきた労働者の権利が踏みにじられてきましたし、踏みにじられています。

　新自由主義によって貧富の格差がきわめて深刻になるなかで、ポスト資本主義も提唱されるようになっています。2016年、2020年の２度にわたるアメリカ大統領選挙の民主党予備選で、「民主社会主義」を名乗るバーニー・サンダーズ候補が健闘したのも、資本主義のあり方そのものが問われなければならない現実があるからです。

　温暖化問題が浮上してきた1990年代以降は、新自由主義が跋扈し始めた時期と重なっています。25年間、各国の利害の対立が絡み、COPでの議論が紆余曲折を重ねてきたのも、じつは新自由主義のイデオロギーが足を引っ張っているからです。

　むきだしの資本の論理とたたかい、温暖化を止めるために必要な削減目標やそれを実現するためのルールを明確にして、経済活動のうちに組み入れていく必要があります。それなしには、温暖化を止めることはできないでしょう。

執筆者

岩佐 茂（いわさ　しげる）────────
　1946年生まれ、一橋大学名誉教授
　『マルクスとエコロジー』（編著、堀之内出版、2016年）

岩渕 孝（いわぶち　たかし）────
　1936年生まれ、元秋田大学教授
　『津波死ゼロの日本を』（本の泉社、2019年）

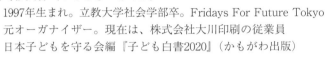

宮﨑紗矢香（みやざき　さやか）
　1997年生まれ。立教大学社会学部卒。Fridays For Future Tokyo
　元オーガナイザー。現在は、株式会社大川印刷の従業員
　日本子どもを守る会編『子ども白書2020』（かもがわ出版）
　の「気候は変えず、自分が変わろう」を担当

コラム執筆者

田辺勝義（たなべ　かつよし）
　1949年生まれ　元高校教師、環境・環境教育研究会
　『市民参加の平和都市づくり』（本の泉社、2020年）

平田清一（ひらた　せいいち）
　1951年生まれ、元高校教師、環境・環境教育研究会
　『環境リテラシー』（共著、リベルタ出版、2009年改訂新版）

藤原衣織（ふじわら　いおり）
　1997年生まれ、Fridays For Future Tokyoオーガナイザー

山下詔康（やました　あきやす）
　1936年生まれ、元NTT基礎研究所、環境・環境教育研究会
　『水物語「こんにちは」』①〜⑤（本の泉社、2009年）

吉埜和雄（よしの　かずお）
　1954年生まれ、元高校教師、環境・環境教育研究会
　『環境リテラシー』（共編著、リベルタ出版、2009年改訂新版）

グレタさんの訴えと水害列島日本

2020年9月10日　初版　　　　　　　　　定価はカバーに表示

岩佐 茂　岩渕 孝　宮﨑紗矢香 著

発行所　学習の友社

〒113-0034　文京区湯島2-4-4

電話　03（5842）5641　Fax　03（5842）5645

郵便振替　00100-6-179157

印刷所　光陽メディア

ISBN978-4-7617-0721-7